野菜も人も畑で育つ

萩原紀行

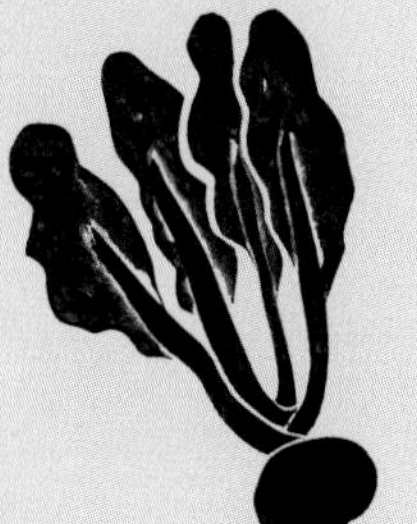

同文舘出版

「いいシーンを作る」が農場のテーマの一つでもある。爆笑女子は間違いなくいいシーン。ジャガイモ畑にて。

インゲンのツルを這わせる支柱を組む。梅雨の晴れ間。

春の耕耘がはじまる。トラクターの始動とともに、気持ちのスイッチも入る。

タマネギ植え。手はハイスピードで動かしながら、近くで作業している人に人生相談する人もいる。

わずかな梅雨の合間をぬって、人数をかけて一気にケールの苗の植え付け。

土のカルシウムを補うため、焼いた牡蠣殻粉末を散布。

多品種のパッチワークのような畑。

調子のいいときは、作物の肌がプラスチックのように人工的な輝きを放つ。

元気がなかった堆肥を再発酵させ、状態を確かめる。

作業表を見ながら、作業の段取りを組み立てる。多品目栽培は、知的ゲームでもある。

作業で押さえておくべきポイントを熱く説明する。

真夏のインゲン収穫。1日に200キロ収穫する。酷暑でもインゲンのアーチの中は涼しい。

健全に育った葉ネギ。根が土をガッチリつかんでしまう。「根付き」ではとても出荷できないので、取引先に「根カット」に規格を変えてもらった。

栄養価コンテストでグランプリを受賞したレッドケール。この濃い紫色が抗酸化力の証。

収穫にはスピードが不可欠。走る、走る、走る。

大根1000本洗って
やったぜ！

はじめての畑は石を拾うところから。一番小柄なスタッフが大きな石を抱えてがんばる。

宅配業者さんは大切な経営パートナー。トラックへの積み込みはみんなで手伝う。

小分け作業にはスピードと丁寧さ、いずれも欠かせない。仕事の神は細部に宿る。

この日のカボチャは1トンを出荷。

トレンチャーという機械を使って、長イモを折れないように慎重に収穫（現在は新しい機械を導入済）

小麦は収穫間際、本当に黄金色に輝くときがある。わずか2～3日の、限られた時間。

息を合わせてスナップエンドウの片づけと、藪の草刈り。

小麦を収穫した後の麦わらはトマトの通路に敷く。貴重な有機資材。

一面に雪が積もる冬。僕ら夫婦で半分建築した自宅前から見える八ヶ岳も雪化粧。

冬はＰＣとにらめっこ。種や肥料の必要量を計算して発注したり、作業スケジュールを作成したりして、春に備える。

偏食だった次男に野菜を食べてもらいたくて開発した「バーニャカウダー」。

商品作りも冬場の大事な仕事。スーパーやオーガニックショップだけでなく、薬局にも置いてもらっている「野菜スープ」。

のらくら農場の野菜の旨味を味わうまかないレシピ

「そのときある野菜で、短時間でできる」がまかないの基本。いわばやっつけ料理だが、シンプルな味つけで野菜の芯を引き出すのがいちばんおいしい。僕らのオリジナルレシピをいくつかご紹介します。

まるごと一本大根おろしタワー

白い大根と赤い大根の2種類をおろしまくってタワーにする。肉や魚よりも、大根おろしを多く。このときは、白大根1本と紅くるり大根2本の計3本を使った。大根の消化酵素が、午後の仕事のパフォーマンスを上げてくれる。

生ズッキーニのスライスサラダ

ズッキーニはうまく作るとえぐみがなく、生食でもおいしくなる。薄くスライスしたズッキーニに塩と粉チーズをふりかける。ディルをのせると、暑い夏でもさっぱりとおいしく食べられる。

大根ステーキ

見た目は一瞬牛肉だけど、これは大根。紅くるり大根という真っ赤な大根は、「ステーキ用大根」と言ってもいいくらい。厚さ1.5センチくらいに切って、火が通りやすいように格子状に切り目を入れる。フライパンに油をひいて、焼き目がつくまで焼く。水を少し入れて蓋をして蒸し焼きに。火が通ったら、醤油とみりんにおろしショウガと、お好みでおろしにんにくを混ぜて、大根にかけ回す。

ゴボウの照り焼き

ご飯をモリモリ食べられる野菜の代表選手が、長イモをおろした「とろろ」でしょう。二位は大根おろしか。ただし、大根のおいしさで左右される。三位に、このゴボウの照り焼きが入ってもいいんじゃないか。ゴボウを4センチくらいに切って、とりあえず茹でる。太いのは半割にして。火が通ったら片栗粉をまぶして、フライパンに油をひいて、焼く。醤油とみりんをちょい濃い目にふりかけて照り焼きに。ご飯を多めに炊いておかないと、お釜が底をつく。

まるごとピーマンの炒め煮

のらくら農場のピーマンは超肉厚で、たいてい驚かれる。その肉厚ピーマンをまるごと、ごま油をひいたフライパンでコロコロ転がして焼き目をつける。少し水を入れて、蓋をして蒸し焼きにする。ピーマンがくたくたになったら、仕上げに鰹節、みりん、醤油をかけ回してできあがり。中の種もとろとろになっておいしい。

たくあんとケールの混ぜご飯

買い出しに行く時間がなく、おかずが少ないときは、混ぜてごまかす。さいの目に切ったたくあんの塩気と、アツアツご飯にしんなりしたケールの食感がちょうどいい。ごま油をさっと混ぜると、品数などどうでもいいくらい満足。

春菊そば

これは衝撃のおいしさだった。スタッフのユキルが作ってくれた。おいしい春菊じゃないとおすすめできない、生でエグい春菊だとできない料理。器にそばを入れて、めんつゆを張る。塩もみした春菊をどっさり乗っけて、粉チーズとオリーブオイルをかける。和だの洋だの、そんな境界はいらないのです。

焼きトマトのスープ

ミディトマトかミニトマトをフライパンでまるごと焼く。季節の野菜、ズッキーニでもナスでもピーマンでもいいので一緒に焼く。野菜を入れたときに塩とコショウも一緒に入れると、甘みがより引き出せる。水を入れてかつおだしかコンソメをほんの少しだけ。野菜の旨みが主役の優しいスープ

ひんやりスライスジャガイモ

スライスしたジャガイモを蒸す。薄く醤油で味つけしただし（薄めためんつゆのイメージ）をかける。鰹節を乗っける。バタバタした出荷作業の熱をひんやり冷ましてくれる、スタッフ、カーリーの絶品。

ネギ丼

会心の葉ネギができると、それだけでご飯が食べられる。葉ネギを刻んで塩とごま油であえる。それをご飯にてんこ盛りする。白ごま、好みでしらすをかけてでき上がり。

はじめに

「のらりくらり、野良で暮らそう」

のらくら農場の名前の由来は、こんな牧歌的な理由で妻が考えてくれました。ところが、農業は甘くなかった！　のらくらどころか、ジタバタ農場に改名したほうがいいのではないかと何度思ったことか。

長野県の八ヶ岳の北に位置する、標高1000メートルの高原地帯にのらくら農場はあります。目の前に佐口湖という小さな湖があり、鴨が泳いでいます。畑からは浅間山の穏やかな稜線と、八ヶ岳のゴツゴツとしたトンガリ頭が見えます。ここでは5月20日頃まで遅霜の恐れがあります。夏野菜などは霜に当たるとせっかく育てた苗が全滅し、そのシーズンを棒に振ることになるので、この5月20日あたりの天気予報を何度も確認しながら、一斉に植え付け作業がはじまります。八ヶ岳にまだ少し雪が残り、カッコウの鳴き声が聞こえ、山の藤の花が咲き出す頃です。

両親は農家でもなく、僕は農学部を出たわけでもありません。社会人になってからは都会で営業マンをしていました。温かい千葉で育った自分が、冬にはマイナス15℃にもなる寒冷地で農業をはじめて23年目に突入しました。起業なんてかっこいいものではなく、夫婦2人で世の中の片隅でこっそりはじめた農場ですが、2020年の農繁期は、16名のメンバーで畑を走り回っています。

この農場の特徴は次のようなところでしょうか。

① 実家がほぼ農家ではないメンバー

この農場に集まってくれたのは、さまざまな前歴の持ち主です。IT企業、料理人、服飾業界、通販業、管理栄養士、学生、酒造業、海外青年協力隊、薬剤師、植木職などさまざまな業界から来た人材がアイデアを出し合って、新しい視点で農業と向き合っています。

② 農業界ではダントツで若い

66歳。これが日本の農家さんの平均年齢です。一方、のらくら農場の平均年齢は年によってバラつきがあるものの、ほぼ半分の33歳くらいです。40代後半の僕と妻が平均年齢を引き上げていますが。

③ 多品目・中量生産

農家さんというのは、花ならカーネーション、野菜ならトマトなど、効率を考えてなるべく品目を絞って経営をされているのが普通ですが、僕たちは年間50〜60品目を栽培しています。その各品目を「そこそこの量を作る」のが特徴です。

何月の何週目に○○を4500束出荷する、というような「狙って作る」ことも得意としています。また、近年では、高い栄養価も「狙って作る」ことに成功するようになってきました。

多品目栽培の運営は、当然仕事の組み方も複雑で、会社員時代に部下を持ったことのない僕は七転八倒の日々でした。農場内で指示を出すときの僕の以前の流行語は「なんつったらいいかなー」でした。僕も含めて農業の経験がないスタッフがほとんどでしたから、なおさらです。「ちょっとこの畑の土、平らに均しといてくれるかな」と、僕としては3分程度で終わる仕事の指示だったのが、言われたスタッフは「とにかく少しの凸凹もない真っ平らにしなければならない」と思ったのでしょう、半日かけてわずかな面積の土を平らにし続けるという、空回りのような日々の連続でした。

うまく仕事が回らない。スタッフ同士がうまく噛み合わない。そういう悶絶するようなもどかしさの連続でした。「あのときなぜうまくいかなかったのか」「あのとき、彼にこんな言葉をかければよかったのに、なんで思い浮かばなかったんだろう」「あの人の言っていることはたしかに正しい気がするのだけど、どうもしっくりとこない。でもそれを伝える言葉が見当たらない」、そういう悔しさの中からキーワードがいくつか浮かんできました。もどかしさと悔しさの経験を積み重ねて、僕たちはなんとかチーム運営の農場になりました。これまで農家が経験的に培ってきた「暗黙知」を農場メンバーが理解しやすい「形式知」に変換し、チーム運営によって前歴を活かした「集合知」に昇華させていく。

このような過程でオーガニック農場の栽培、そしてチーム運営の公式のようなものができ上がってきました。この本は、その公式をご紹介するものです。

ここまでは、農場内部、方向としては言わば内向きのものです。これにもう一つ、加える必要があります。それは農場外でのチーム作りです。

農業をはじめて20年以上が経ち、ふと世間を見渡してみると、動脈硬化のような「詰まり」があちらこちらに見えます。これまで、農業を含めたメーカーと商社や小売の関係は、自分の領域を奪われないようにする、領土権争いを繰り広げてきた感があります。価格の攻防戦などはこの一例だと思います。

そうした「詰まり」は、このままでは解決することができないのではないかと痛感するようになってきました。

人々が日常生活を送るために欠かせない仕事を担っている人をエッセンシャルワーカーと言うそうですね。かっこいい名前をつけていただきました。農業や小売業に従事する人たちもエッセンシャルワーカーに入るそうです。そしてこの分野は大抵、人手不足です。日本は働き手減少の時代に入り、農産物を作る人、売る人、配達する人、調理する人が無限に存在しないのだという当たり前のことに、僕たちは気づきはじめました。

農業の立場からすれば、作って売りっぱなしでは、なかなか動脈硬化を打破できないことを感じてきました。食べ方の提案や売り場での置かれ方も含めたところまで考えていくと、すんなりと物事が進むことを身をもって実感してきました。小売の視点から見ても、「とにかくこの価格で納入してもらえばいいから。送り方はそっちで考えて」では、生産販売の取り組みは長続きしませんでした。一緒のテーブルについて、「どうやってお互いが過度に負担することなく、続けていけるか。お互いの立場を思いやってクリエイティブに未来を創るか」を考えたケースは、気持ちいいくらいうまくいきました。

限られた人材のことを考えると、領土権争いにエネルギーを奪われている場合じゃないように思います。売り買いの立場を超えて、ワンチームになって「詰まり」を解消していけないか。農産物の流通を超え、農業が医療や栄養学の分野ともチームを作っていけないか。そう考えながら進む中で、僕たちは、「公式」を見つけてきました。本書でご紹介する「公式」はチーム作りのスマートなノウハウではなく、僕たちが失敗しながら見つけた「手触り感のある公式」「身体感覚を伴う公式」です。

農業がおもしろくなるようなチームがあちこちでできはじめたら、最高だと思います。

それでは、のらくら農場の失敗と発見の数々、はじまり、はじまりです！

本書に登場する写真は、ソーシャルディスタンスにふさわしくないものもありますが、コロナ禍以前に撮影されたものが多く含まれていることをご理解いただけますよう、お願い申し上げます。

野菜も人も畑で育つ
信州北八ヶ岳・のらくら農場の
「共創する」チーム経営
——もくじ

第1章

農場を作る
——営業マンから山奥の農家へ

第2章 のらくら農場 経営の公式

――実践する中で見つかった僕らのスタイル・強み

第3章 のらくら農場 畑の公式
――土壌と栄養価を数値化し、作業を形式知にする

第4章 のらくら農場 チームビルディングの公式
――一緒に問題解決する仲間になるために

第5章 未来への公式

——のらくら農場の未来とこれからの農業界

ブックデザイン・DTP◉高橋明香（おかっぱ製作所）
カバーイラスト◉くぼあやこ
写真・構成協力◉佐々木拓弥、松野有希

プロローグ

のらくら農場の1日と四季

1 20年前の、のらくら農場のある1日

朝4時に起きて、まずは育苗ハウスに行く。急いで苗の水やり。続いて、田んぼに水を入れにいく。最初の収穫は、キュウリ畑だ。おいおい、ちょっと待て。なんでこんなにキュウリが成っているんだ。採っても採っても、終わらない。こんなに採れたって、売り先ないってばよ、と空気に文句を言いながらとにかく収穫する。

次はナス畑。逆に全然実が成っていない。今日の野菜セットに足りないじゃないか。インゲンを収穫する。あれ？　採れはじめたばかりなのに、もう病気が出ている。支柱を組んで、せっかく苦労してここまで来たのに。種代も肥料代も全部台なしだよ。

ひと通り収穫が終わって、帰ろうとすると、妻がキュウリ畑で収穫している。

「キュウリはもう収穫終わったよ」「だって、聞いてないし」「あ、たしかにキュウリから収穫するって言ってなかった……」

自分の行動予定をまったく伝えていなかった。ここで、もう夫婦の会話がギクシャクしだす。

収穫した野菜を計って袋詰めする小分け作業をする。わずか10数個の野菜セットの出荷なのに、なんだか作業が進まない。気持ちだけは焦る。

妻に聞かれる。

「来週はナス採れてくるの?」「う~ん、どうなんだろうな~」

わからないので答えられない。**ナスのどこを見れば来週採れるのか、見極める力がないのだから。**

もうお昼ご飯の時間か。妻はコロッケを作ってくれようとしている。ちょっと待ってほしい。今日はとてつもなく忙しい。コロッケとは複雑な料理だ。ジャガイモを蒸して、皮を剥き、マッシュして形を整えて、卵だのパン粉だのをつけてさらに油で揚げる。今日はとても忙しいから、コロッケを揚げてる時間はないいんじゃないかな。ジャガイモをマッシュした時点で、ポテトサラダって手もあるし、それ以前にふかしイモだっていいくらいだ、と僕は説得する。結局、ご飯に納豆をかけただけですます。お昼休みは15分ほど。

いけね！　出荷に追われて、田んぼの水を止めていない。急いで田んぼに行くと、水があふれてしまっていた。がっくり。

どうにか出荷を終えて、そろそろ草が生えてきたかな、と思ってジャガイモ畑に行く。雑草が1メートルを超えている。ジャガイモは草にまみれてもう見えない。「呆然と佇む男」という題名の絵画があるとしたら、このときの僕はモデルになる自信があった。

ジャガイモ畑は見なかったことにして、気乗りしないまま、ニンジンの草取りに入る。ニンジンに勢いがないので、雑草にのまれだしている。このペースだと、草の勢いに全然勝てないに決まっている。「愕然とへたり込む男」という題名の絵画のモデルにもなれそうだ。

早々と今年の勝負に負けたことがわかってしまう。まだ7月だというのに。天を仰いで僕はつぶやく。「あのさ、神様。今年って年をなかったことにしてくれない？」

今日のビールはひときわ苦そうだ。

2 あれから20年後の、のらくら農場の1日

「うおっとー！　天気予報、夕方からいきなり雨マークついたよ。4日連続雨になったじゃん」

6～7人のメンバーで今日の予定の検討がはじまる。

「葉野菜の施肥《せひ》（肥料を撒くこと）優先ですね。作業順番を入れ替えます。うわ～、今日の出荷多いな～。間に合うかな～」

「施肥班、朝の収穫終わったら離脱して、先行して行ってもらおう。3人、3時間抜けても出荷は間に合うかな」

「大丈夫だと思います」

「じゃあ、僕、微量ミネラルの配合しておきます」

「サンキュー、よろしく！」

天気予報が変わると慌ただしい1日の幕開けとなる。ハイシーズンは朝7時に仕事開始。高原農家としては、かなり遅い始業だが。

のらくら農場では、20年以上にわたる手痛い失敗の蓄積がある。害虫に全滅させられる、台風で畑が水没する、収穫が間に合わない、作物の病気にやられる……。ひどいときには数百万円分の作物を失うことがあった。コツコツと積み上げてきた仕事が、ひと晩の台風でやられてしまったこともある。

失敗を「なかったコト」にすることはできない。しかし、ただでは起きない。害虫の種類と発生条件を確認する。病気を特定し、原因を考え対策をする。台風時期に水が溜まりやすい畑は栽培時期をずらす、など膨大な記録をつけて対策を講じてきた。**オーガニック栽培は、化学合成農薬を使用しない分、成功のストライクゾーンが狭い。つまり高度なマネジメントを要求される。**

失敗を糧に、冬の間に作成する年間作業予定表では、日にち単位で「この日、何をする」という予定をほぼ決めてしまっている。

阿吽の呼吸で張る長イモのマルチ（ポリシート）。それぞれが担う別の役割をタイミングを合わせて一つの動きにする。ほとんど以心伝心。この作業は6名1チームがもっとも速い。

たとえばこのような作業予定だ。

5月1日
ナス、畝たて、マルチ（ポリシートで土を覆うこと）。この時期は大体南東の風が吹くので、北西側から張っていくようにする。3人で1チーム。1人がマルチを引っ張り、1人はサイドを決める。1人はスコップで土を2メートル間隔で乗せる。進行方向にテンションをかけながら。最後に雨水抜きの穴を開ける。1メートルおき。

支柱は1メートル60センチのものを3メートルおきに、若干外側に傾くように刺す。キュウリネット幅180センチのものを水平に展開し、ネットとマイカ線を支柱に結んで固定する。結ぶ紐の長さは60センチ。

なるべく具体的に、使用資材を間違えないように書いてある。そのときに予想される風の方向から、結ぶ紐の長さまで。

結んだ紐が短すぎた、などの細かい失敗をすべて反映させている予定表だ。「紐の長さくらい、考えればわかるだろう」では解決してこなかったのだ。この資料をシーズン途中で合流する期間スタッフさんも含めて全員に手渡しているので、今日何をしたらいいのか、この先、どんな作業があるのかがわかるようになっている。

こんなに細かい予定表を作っても、露地栽培中心であるのらくら農場は、どうしたって雨や干ばつなどの天候に左右される。それは仕方ない。

そこで、年間予定表の直近10日間分を、ホワイトボードにマグネットシールを使って書き出していく。この方法は畑チームが考え出してくれた。

天候の変化があるたびに、マグネットシールを、優先順位を考えて入れ替えていく。まるで詰将棋のように。ゴールはおいしく栄養価の高い野菜を無事に収穫までもっていって、出荷すること。

朝の収穫にそれぞれが各畑に散る。畑の枚数は、約70枚。中山間地ならではの多さだ。各畑の特性もすべて資料として作成してある。年間で約50~60品目の作物を作っていて、それぞれに担当がついている。担当が全部の作業をやるわけではなく、一つの作物を5~6人の人数をかけて、一気に収穫する。担当は「その作物を誰よりも気にかけている人」という位置づけだ。

農閑期に、「いつ何をやるのか」という作業スケジュールを日にち単位でほぼ決めてしまっている。

ケール担当が皆に声がけする。「グリーンケールは40枚入り、42コンテナです。昨日一回り収穫が終わったので、南の列からお願いします」。手前とか奥とかいう言葉はなるべく避ける。人によって手前と奥の認識が違うので、「南」などの絶対的な方角で指示する。

　収穫しながら、生育診断をする。葉の色、葉脈の曲がりなどを注意して観察すると、今、ケールが何をほしがっているのかがわかってくる。朝露に濡れているくらいがちょうどいいケールの収穫を終えると、このチームは急いで、スナップエンドウの収穫に移動する。

　スナップエンドウの畑には、すでに三つ葉や葉ネギを採り終えた5人が来ている。スナップエンドウ担当が注意を促す。「お疲れー。5列目から収穫入って。今日は、実が成っている高さに幅があるから、上下の目の動きを意識してお願いします」「はーい」

　時刻は9時半。これ以上暑くなると、エンドウの実が柔らかくなってしまうので、リミットはせいぜいあと30分。なんとか、10時前に収穫終了。収穫量は100キロほど。急いで農場に帰って、冷蔵庫で冷やす。ほぼ全員が収穫を終えて、農場に戻ってきた。出荷場に集められた野菜は15種類くらい。軽トラック4車分くらい運ばれてくる。販売管理システムに、受注した野菜の量が入力されている。出荷量が見えるので、作業の時間もなんとなく見える。今日の出荷は60万円分くらい。

「畑チーム、作業ミーティングします」の掛け声で、7名の畑チームが作業の手順と細か

ミーティングは全員の観察眼と脳をつなげる時間。

い注意点を確認する。

「夕方から雨マークついたから、施肥班はこのあと先行離脱しましょうか。3名でいいかな」「スナップエンドウ、この雨の前に追肥しといたほうがいい感じ」「たしかに、花の数がすごいですね。8日後に収穫ピーク来ますね」。

この時期のスナップエンドウは、花が咲いてから収穫まで8日かかることを共有している。「急にたくさん採れてしまった」からといって、急に売り先は見つからない。予測できれば、手の打ちようはある。

意見を出し合って話し合いながら、作業の順番を入れ替えていく。

「お茶しながら全体ミーティングします」

出荷担当がミーティングの司会をする。出荷は全員でやるので、全員参加の全体ミーティングは出荷の注意からはじまる。「今日の出荷の注意は、サラダ大根がはじまったので、折れに気をつけてください。箱の底に十分なクッションを入れてください」

「僕ちょっと、午前中はウェブサイトの管理作業をやらせてください」。元服屋で美的センスがあるスタッフがウェブ担当になっている。畑もできるし、ウェブサイトも作れる。

ミーティングのあとは施肥に行くグループと、収穫した野菜の小分けをするグループに分かれる。小分けした野菜を各取引先別のタワーにしていく。今日の出荷先は、個人のお宅への野菜セットが約70ケース、お店や生協さんなどの卸先が18箇所。

「今日のまかない担当は誰だっけ?」「カーリーです」

農場での呼び名はすべてニックネーム。気軽に話しやすくするために。まかない担当は順番に回ってくる。人によって料理に性格が出るからおもしろい。優しいお惣菜系の人、スパイス使いが上手な人、どかっと迫力満点の料理の人。薙刀《なぎなた》と弓道をやっていた彼女は、動きの所作が綺麗で、料理の盛りつけも美しい。料理画像を撮りやすい。

小分けした野菜を出荷先ごとにコンテナで積み上げていく。

畑の施肥に向かったメンバーは、そこで栽培する作物の特性と、その土の特性をよく理解している。

機械操作をしているのは、20歳から農業の世界に入った男子。植物生理も理解しているし、作業はなんでもできる。サンパーというリュック状の肥料散布道具で作業しているのは、海外青年協力隊でアフリカに行っていたことがある男性。身体能力と対応力が突き抜けている。

取引先から次々に来るメールや電話を出荷担当がさばいていく。受注はほぼウェブ上で受けるシステムになっているので、数年前に比べたらかなり入力作業は減ったが、栽培履歴の提出や、今後の野菜の予定の問い合わせなど、やることは相変わらず多い。元ＯＬさんで、社会人経験豊富な女性が電話対応している。事務ははじめてだが、挑戦したいと言ってくれた、20代女性が入力作業をしている。日々、上手になっている。草刈り機も使えて、事務もできるようになってきた20代女子。頼もしい。

お腹を減らした全員がお昼に戻ってくる。大皿に今日のまかないが山盛り盛られている。「うわ〜、おいしそう」、歓喜の声が上がる。

「あ、これはじめての食感。おいしい」。レシピ担当が料理を作ってくれたスタッフに、作り方のインタビューをしながらご飯を食べる。野菜セットのレシピで紹介するために。

ご飯を食べながら、管理栄養士でフードコーディネーターもできる期間スタッフの女性に、料理の写真のコツを教わる。

午後、残りの出荷作業を終えて、畑の作業に行く。今日は除草作業。除草剤を使わない代わりに、やるべき作業は当然増える。雑草を雑草とひとくくりにしないで、それぞれの草の特性を見極めながら、対処していく。1人単独、ラディッシュの播種作業に行くのは20代女子。いろんな農場で経験を積んでいるので、トラクターにも乗れる万能タイプ。

お昼のまかないの風景。

雨の中でのスナップエンドウの収穫。

3時半にお茶休憩をしたら、夕採り収穫に入る。すべての野菜が、朝採りがいいわけではなく、夕方に収穫して一晩冷蔵庫で予冷をかけたほうがいいものもある。春菊100キロ、小松菜100キロ、カブ500束分と、それぞれ畑に散って収穫に入る。
「ん？　ちょっと、春菊に病気出ているな。広がならきゃいいけど……」
すべてがうまくいくわけではない。不安になる発見もある。写真担当の女性スタッフが作業の様子を収穫の合間にシャッターに収める。畑を戦場カメラマンのように駆け回っている。

軽トラック4車分ほど収穫して帰ってきた。洗う必要があるラディッシュやカブ、大根などは洗い機も使って一気に洗っていく。以前は「泥つき」を売りにしていたこともあったが、正直言うと、洗いに手間を割けないという理由が大きかった。でも、マンション住まいの方も多いので、「洗ってあったほうがお客さんも使いやすいよね」ということで、100万円ほどかけて洗い機を4種導入した。

今日終わった作業は、ホワイトボードのマグネットシールを「今日終わった作業欄」に次々に移していく。予定されていた作業が終わると、満ち足りた空気が漂う。出荷できなかった傷物の野菜は自由に持って帰っていいので、「お疲れさまでしたー。今日は春菊のごま油あえで、ビール飲もう！」などと言いながら、皆、帰宅する。

明日は待望の雨の予定。施肥が終わってホッとしたけど、草取りが終わりきらなかった。満足もあれば、不安もある。**農業をはじめて20数年経った今だって、心配や不安がない日などない。ただ、心配や不安すらも日常に溶かし込んで、これも僕の大切な日常の一部だと思えるようになってきた。**不安もあるけど、久々の雨で、ナスやピーマンが「うわはははは！」と喜ぶような姿が目に浮かぶので、今日はよしとしよう。相変わらず余裕なんてないけど、今夜は「うわははははは！」と笑いながら、フルーツのような味のカブをつまみにビールを飲もう。

3 のらくら農場の四季

1日の流れの次は、四季の流れをご紹介します。

寒冷地のこの土地で畑と向かい合える季節は短い。このあたりの野菜農家さんは、5月下旬から11月いっぱいくらいで出荷を終える。冬はマイナス20℃近くになることもある高原地帯なので、どうしても出荷期間は短くなる。つまり、6ヶ月半の出荷期間で、1年食べていく経営をしなければならない。

僕たちはその期間で稼ぎ切る能力がなかったため「できるだけ、出荷できる期間を伸ばす」という方向でやってきた。貯蔵施設やハウスも駆使して、野菜の出荷期間は5月20日くらいから3月中旬まで。9ヶ月半くらい、なんとか引っ張っている。

土壌分析ででた数値をソフトに入力する。数値が多くを物語る。

全員を通年スタッフにする力がないのがもどかしいのだが、8〜10名くらいが通年で仕事をしている。農産加工品も通年雇用の助けとなっている。

仕事のスタートはいつからかと言うと、区切りとしては1月。外でしんしんと雪が降る中、土壌分析からはじまる。採取してきた畑の土を自分たちで試験管と試薬を使って分析していく。

年内に各取引先様に送ってあった年間出荷スケジュールの返信を元に、たとえば6月15日の週に春菊が何束必要なのかを合計していく。必要な栽培面積を割り出し、70枚近くある畑のどこになんの作物を作る、という配置図を作っていく。

全部が好条件の畑とは限らない。中山間地なので、春や秋に日が当たらない畑もある。そういう畑は、夏の太陽の軌道を計算に入れて、太陽があの南の森の上を通過する6月以降に配置しよう、というふうに計画していく。

入り口が急で狭く、軽トラックが入れない畑もある。そこでは重い作物は作らない。雑草の種類や水はけ、鹿などの害獣被害も勘案していく。同じ畑に同じ作物を毎年作ることによって出る、連作障害がきつい作物もあるので、数年前の配置図も参考にする。

配置図と土壌分析が終わると、その土でその作物を作るための施肥設計表を作成する。それぞれの野菜の生理に合わせた設計だ。この時点で野菜の栄養価や味がかなり決まってくるので、頭が沸騰するほど集中してやる。

育苗担当者や出荷担当者は、昨年に記録しておいた反省点を元に、新しい仕組み作りを考えていく。商品ラベルの見直しなどもする。冬は、畑はいじれないが、非常にクリエイティブな日々だ。

出荷も続いているので、ハウスから葉野菜を採ってきたり、長イモやゴボウの注文があるたびに地下貯蔵庫から出荷する。冬だけ限定の漬物加工も忙しい。

ラベルの新デザインの検討。元服屋のタクヤンがそのセンスを発揮。真剣ゆえ、皆黙っちゃいない。

農場の代表である僕は、各地にお声がけいただいたりして、出張が多い時期でもある。たくさんの人に会って、学ぶ時期だ。畑がはじまるとほぼ出張できないので、この時期限定だ。

肥料設計が終われば、必要な肥料や資材の発注ができる。これも皆で協力して計算していく。僕たちは農家だが、この時期を経ることで、今のメンバーは事務能力を上げていっている。冬は仕事時間も短く、少しゆっくり時間が進む。

3月から育苗が始動。育苗担当が主役になる。それぞれ育つ条件が違う野菜を同じ育苗ハウスで育てるので、多品目栽培の育苗では、独特の技術が必要になる。

雪が溶けたら、施肥がスタートする。雪が溶けるタイミングは毎年違うので、こればかりはお天道様の気まぐれにつき合うしかないが、雪が溶けるのが早い畑を把握しているので、そこから春一番の作付けを配置していく。

4月は土作りの時期。設計した肥料を散布していく。この間、資材費がとてもかかり、人件費も含めた合計の支払いは2000万円を超えるのに、売る野菜はあまりないので、この時期はお金のやりくりが重要になってくる。長野など冬が厳しい地域特有の事情だ。5月下旬からの出荷のために、膨大なコストを掛ける。

5月は植え付けの時期。ハウスで育った何万もの苗を一気に植え出す。準備した畑がどんどん埋まっていく様は爽快だ。

6月からは「とにかく出荷と収穫の時期」に入る。この時期に出荷しなくて、長野の野菜農家の生きる道なしだ。きついのが7月。秋、冬の畑作りの作業と、日々の出荷が重なる。7月を乗り切れたらその年は「勝ち」になる。8月はトマトやキュウリ、ナスなどの果菜類がお祭り状態で収穫できる。もっともにぎやかなのが8月だ。

1ヶ月かけて育てた小さなピーマンの苗を大きな鉢に植え替える作業。外は毎日氷点下。さらに1ヶ月育てて、ここから畑に植える。1日も管理を怠ることができない。

70枚の畑のどこになんの作物を作るか。土の性質や、害獣の被害、太陽の軌道、風の向き、収穫の動線など検討課題は無数にある。

9月は台風が多く難しい時期。この時期をのらくら農場では強化月間にしている。難しい9月に安定した出荷ができる農家は、取引先から重宝される。

10月は出荷する野菜の種類がもっとも多い時期だ。ときには25品目を超えることがある。自分で作っていて、呆れるほど多い品目数だ。

霜が降りると、野菜の味がぐんと上がる。11月から、雪が降って露地の野菜が採れなくなる年末までは、小松菜などの葉野菜や、大根などの根菜がもっともおいしい季節になる。滋味あふれる季節。

土が凍り切る前には最後の大仕事がある。長イモやゴボウなどの根菜類を地下貯蔵庫や冷蔵庫にしまい込んで、「どこもかしこも満タン状態」にして、冬に販売できる野菜を確保すること。漬物加工所も漬物であふれかえる。貯蔵野菜がスペースに満たされていくのと、農家の心の満たされ方は比例する。満タンになった貯蔵野菜を見ると、新年を気持ちよく迎えることができる。

秋落ち＝自然なこと

僕らは北八ヶ岳の自然に囲まれて毎日を過ごしている。

春、カッコウの鳴き声と藤の開花と八ヶ岳の雪の溶け具合で、霜の状態を予測する。落葉針葉樹のカラマツだらけのこの地域では、冬は葉の落ちたカラマツの寂しい景色だ。暖かくなり、山々にポツポツと見えてくる小さな緑の点は、カラマツの新しい葉の芽吹き。1週間もすれば、一気に新緑で染まる。標高1000メートルのこの農場では、夏はお日様の近さを感じる。夏野菜が盛りを迎え、虫もリスも狸も狐も鹿も、とにかく命が盛んに蠢く。

秋になると、大根、ニンジン、白菜、カブ、小松菜など、作物の収穫量がとんでもない。11月に入ると日に日に山の葉が落ちていき、作物はどんどん収穫されて畑から姿を消していく。

その時期には、物悲しいような、なんとも言えない気持ちになる人もいる。畑や山々とともに生活をしていると、それがとても健全であるような気がする。メンタルが落ちる日があってもいい。

第1章

農場を作る

営業マンから山奥の農家へ

1 体のバケツとジンマシン

のらくら農場がどんなことをしているのかを書く前に、農学部出身でもなく、都会で勤め人だった僕がどんな経緯で就農したかをお伝えしたい。

働き方改革？　何それ？　という時代のお話。僕は大学を出た後、東京のメーカーに勤めていた。朝5時半起床。6時半には仕事をはじめている。退社が23時前になることはめったにない。10月には取引先のイベントが続き、1ヶ月半休みなしという時期が毎年あった。僕は自分が仕事のできる人間ではないと自覚していた。質がよくないなら量でカバーする。この方針は入社したときに決めていた。長時間労働は決してよくないが、当時武器がなかった僕には他に方法が思いつかなかった。できないやつはできないなりの生き方があるのさ。

1ヶ月半休みがないときは、ワイシャツをクリーニングに出すことができない。一度出すと取りにいけないからだ。だから夜中1時に洗濯してアイロンをかけるという、すさまじい生活になる。それでも、若く熱い仕事場は活気に満ちあふれ、この活気の中にいられることがエネルギーになっていた。当時の僕にとって、間違いなくいい職場だった。

会社はフェンスや門扉、テラスやウッドデッキなどを製造するエクステリアメーカー。仕事は製品を建材商社に売る営業。僕の月のノルマは大体1億円。大学出たての若造にはピンとこない数字だが、僕の能力でも、どうにか収まりがついていた。当時業界ナンバーワンのシェアがあったので、会社の看板と仕組みに助けられていただけなのだが。

入社式で、創業者である社長が、「この会社は若いです。不備なところがたくさんあります。しかし、それを嘆くだけの評論家にならないでほしい。それを解決する解決者になってほしい」とおっしゃった。

社長は、若い頃勤めていた鉄鋼会社を辞めるとき、会社の人にこう言って去ったそうだ。「鉄はもうダメになりますね」。数年後、その会社の人に偶然会うと、「君に言われて、反省してね。新しい新素材を開発したんだ」と言われ、衝撃を受けたそうだ。

「私は、素材をただ評論しただけで、解決者ではなかった。こういう振る舞いをしてはいけない」と真剣な眼差しで、社長は道を説いてくださった。これには背筋に一本棒が入ったように、しびれた。大きな世の中の流れを評論する能力は僕にはない。だから、小さくてもいいから目の前の問題を一つ一つ解決していこう。**評論家ではなく解決者に。**これは今でも僕のエネルギーになっている。

大学時代の友人などには「それはいくらなんでも仕事キツすぎだろう」とよく言われたが、20代の仕事なんてまあこんなもんだろ、とあまり意に介さなかった。

このエピソードだけを見ると、パワフルでタフな人間に思われそうだが、実は僕には生まれながらに脳波に異常があって、ちょっと寝不足になると強い頭痛に襲われるという経験を幼稚園の頃から繰り返していた。だからあまり無理をしないという選択をしてきて、中・高と部活もやらずにダラダラした日々を送っていた。

帰宅時には、クラスメイトがグラウンドで練習をしている。吹奏楽部の楽器の音が聞こえてくる。毎日学校から帰ってゲームをしたり寝転がってテレビを見ている間に、野球や吹奏楽の練習をしている人間に、僕は一生追いつけなくなるのでは、と不安に思った。仕方がない、僕には脳波異常の頭痛があるんだから。立派な言い訳だ。親も先生も、このセリフには何も言えない。僕にとっては切り札だった。頭痛薬の副作用なのか、舌が上がりにくくなっていた。しゃべるのが億劫になり、中学高校は無口になっていった。

ちょっと遠い将来のことを想像してみた。**40歳になっても、50歳になっても僕は、ずっと同じ言い訳をするのだろうか。たとえば自分の能力をちょっと超える仕事も、この切り札を使って逃げ切るのだろうか。**考えてみたらゾッとした。

17歳のある日、「こんな頭痛に人生縛られてたまるか！」と突然思い立った。

無理をすることに飢えていたのだと思う。そうは言っても頭痛が治ってくれることはないので、「頭痛はないことにする」という、今考えるととてつもなく浅はかな作戦を思いついた。この頭痛を感知しているのは世の中で自分ひとりだけ。その自分がないと言ったら、この頭痛は存在しないことになる。変な理屈だが、当時は真剣にそう思った。だから痛みは完全無視。誰にも話さないし、痛がりもしない。

入社時の面接で健康について聞かれると、「まったく問題ありません」と胸を張って答えた。嘘は言っていない。だって、頭痛は存在しないのだから。この作戦は成功した。こうして僕は睡眠不足絶対ダメの生活から、真逆の生活をこなすようになった。

しかし、そんな生活をしていて体が無事なわけがない。反動は来てしまった。

ある日、夜に皮膚がザワザワする感じがあった。なんだろうとシャツをめくると、体が腫れ上がっていた。ジンマシンだった。みるみる全身に広がり、手のひら、最後は口の中も腫れ上がった。「これはやばい、しゃべれなくなる」と危機を感じて、慌てて救急病院に電話した。病院で「これはちょっとひどいね」と言われながら注射を打ってもらって、とりあえずジンマシンは引いた。

ホッとしたのも束の間。夕方になるとまた全身が腫れ上がり、休日に病院に行くことにした。今考えると、そのときの女医さんは名医だったと思う。

まず、僕の生活を尋ねた。睡眠時間、食事、仕事の時間、家族の有無。睡眠時間は5時間。タバコは吸わない。お酒は缶ビール1本程度。特にひどかったのが食事。3食ほぼ外食。時間がないので営業車を運転しながらおにぎりを食べるだけのときもある。23時まで仕事をするので、大体4回食べる。深夜12時くらいに夕飯。学生時代に弁当屋でアルバイトをしていたので、僕は料理も好きだし、できなくはないのだが、なにせ時間がない。

女医さんはこう言った。「それはジンマシンが出て当然です」。紙を取り出して、バケツの絵を描いてくれた。

「ここにバケツがあります。この中に病気の要因が毎日入り込んでいます。睡眠不足、お酒の飲みすぎ、タバコ、食事の問題、ストレス、過労などいろんなものが放り込まれます。このバケツの大きさは人によって違います。大きいのか小さいのかは誰もわからない。80歳までタバコを吸っても大丈夫な人もいる。ある日これが満タンになります。あふれたものは、たとえば40歳でガンなどの重篤な病気になって現われることがあります。家族もいる働き盛りの40歳です。私はこういう例を何度も見てきました。萩原さんは**このバケツの中間あたりに穴が空いたんです**。ピューッと漏れた水がジンマシンです。だからラッキーなんですよ。ジンマシンでは死にませんから。ジンマシンをとりあえず薬で抑えることはできます。でも治りません。あなたの生活を変えないと治らないのです」

このお医者さん、なんて説明が上手なんだ。胸に来る。営業の勉強になる。

とりあえず食事に気をつけることにした。と言っても、深夜に食べないとか、毎日の食事時間を一定にするとか、その程度が精いっぱい。

しかしながらジンマシンは一向に治らない。毎日夜7時に内腿からポツっとできはじめると30分くらいで全身に広がる。それでもワイシャツの襟から外、手首から外へは出ないので、なんとか営業は続けられる。ところがだんだん手のひらにも出だして、腫れてペンが握れない。さらに薬が効かなくなってきて、治るどころか悪化の一途をたどる。

2 彼女が農業とか言い出した

体調が悪いまま、相変わらず僕は仕事まっしぐらの日々を送っていたが、そんな僕にも彼女がいた。大学の部活で出会った、一学年下の後輩だった。大学の部活は冒険部のような活動をしていて、テントを担いで日本中を歩き回ったり、極寒の冬山で寝袋で寝たりしていた。極限の生活をするので、人の本性が出る。そういう環境で信頼関係が築かれるのか、部活内で結婚する人は結構いた。

僕が会社に入って、彼女とは埼玉と東京の距離だったが忙しくてなかなか会えず、「ほぼ遠距離恋愛」と言われた。休みが1ヶ月以上ないときは、携帯電話が普及していない時代ということもあって、「消息を確かめるレベル」と言われるほど、彼氏失格状態だった。

そんな彼女が「農業やりたい」と言い出した。「でたよ、なんかわけわからないこと言い出したよ、この人」が最初の感想。「農業?」僕の中にはまったくないワードだったので、なんと答えていいのかわからない。小さい頃から彼女は「私はきっと牧場で働く」と思い込んでいたらしい。たしかに都会は似合わない人だとは思っていた。それから彼女は、独自に本などで調べて農家さんを訪ねて行った。

僕は本が好きだったので、時間があると新宿の紀伊國屋書店に行っていた。なんとなく気になって、農業関係の本棚を見て回った。そこにあったのが『百姓になるための手引』という本。農家って継ぐものだと思っていたのだが、そこには「新規就農」という言葉と、新しく農業をはじめる人たちの例があった。そんなことできるんだ。おもしろかった。僕のような若い人が農業をはじめている。こんな世界があるんだと、帰りの京王線で夢中になって読んだのを覚えている。

僕は彼女とは別に、その本を頼りに自分で農家さんを訪ねて行った。何を見るのもやるのも新鮮で、畑をただ歩くだけで満ち足りた気分だった。田舎のすべてがキラキラして見えた。

何軒か訪ねた農家さんの一つに、後に師匠となる埼玉県小川町、金子美登《よしのり》さんの霜里農場があった。

日本で有機農業がはじまったのは、僕が生まれた1971年あたり。その頃は有機農業という言葉すらなく、「生態学的農業」と言われていたそうだ。金子さんは有機農業を日本ではじめた数人のうちの一人だった。

当時は周囲にまったく理解されず、変人扱いだったそうだ。しかし、人格者である師匠は、少しずつ少しずつ目の前の課題を克服していき、穏やかなお人柄もあって、徐々に理解されだした。ついには、集落のほとんどが有機で米や大豆の栽培をするという、全国的にも稀な地区となる。その集落、下里地区は、平成22年、農林水産祭むらづくり部門で「天皇杯」を受賞することになる。金子さんは後にＮＨＫの「プロフェッショナル〜仕事の流儀」にも出演されることになる。

師匠は紳士的で、若者にも丁寧な言葉を使う方だった。たくさんの種類の野菜やお米を栽培し、牛や鶏を飼い、有畜複合の小さな農場を運営されていた。

そこでは、僕と同年代の若者が牛の乳を絞ったり、鶏の卵を拾ったり、畑の野菜を収穫していた。これは衝撃だった。「農業やるんですか？」と尋ねると、「そのつもりです！」と返ってくる。ちょっと待て、今の自分にはこの笑顔は眩しすぎる。なんだか直視できないぞ。帰りに出荷できなかった虫食いピーマンを20個くらいいただいた。帰ってピーマン肉炒めにしたら、うますぎて20個全部食べてしまって、食べ過ぎでのたうち回ることになった。

この農場に何度か通ううちに、「農業やってみよう」と思いはじめた。思い切って金子さんに言ってみた。大歓迎と言ってくれて、よしよしと頭を撫でられるかと思ったら、「会社辞めないほうがいいよ」とあっさり反対された。

えー！　自分もこの農業やりたい若者の仲間に入れてくださいよ、とお願いするのだが、**「他人の分を作るから難しくなるんですよ。自分の分だけ作っていればいいんですよ」**と、一発目のパンチはカウンターで返されたのだった。

一度やりたいと思ったらもう止まらない。その後、師匠に手紙を書いたり、何度か訪ねたりもした。

そろそろ会社に辞めることを告げないと、人事で迷惑がかかってしまう。忘れもしない営業先での宇都宮市の公衆電話で、昼休憩の時間に師匠に電話をした。「会社に言わなきゃならないんで、お願いします。お願いします」とひたすら公衆電話の中でコメツキバッタのように頭を下げ続けた。

霜里農場での修業中。左が筆者。

「あ〜、じゃあもうわかりました」。ついに師匠が折れた。

あれ？　でも師匠、「あ〜、じゃあもう」とか言いました？　ちょっと嫌々？　まあいいか。でかい営業先をとった気分。

ここで急速に冷静になる。

あれ？　もともと彼女が農業やりたいって言っていたのに、なんで俺がこんなに熱くなって会社辞めるとか言っているんだ？　馬鹿じゃないだろうか。ふと不安がよぎった10月の宇都宮。

3 社長とネギ

今考えると、どうしようもなく失礼な話なのだが、僕は師匠が『命を守る農場から』という本を書いていることをまったく知らず、著書を読んでいなかった。有機農業ってなんだかわからないけど、ご縁があったし、くらいで研修に入ってしまった。

僕の最初の動機は、どちらかというと「園芸療法」にあった。福祉の面から農業に近づいたのだ。僕の周りの後輩や友人、近所の親しいおばさんとかが精神的な疾患で苦しんでいるのを知ったからだ。「え！　君も！」「え！　あの明るいおばさんも！」という感じで、実は悩んでいる人がたくさん近くにいた。これはえらい世の中になるのではないか、と思ったのがきっかけだった。

会社を辞めるとき、人事部に呼ばれていろいろと聞かれた。人事部の上司からすると、

「お前、あんなに楽しそうに仕事していたじゃん」だったと思う。ほんとすみません。超多忙な支店長もサシで居酒屋に誘って止めてくださった。ごめんなさい。支店長は僕の決意が固いことを知ると、「しょうがねえな」と言いながら、何かを企んだようだった。

後日、社長室にヒラ社員が呼ばれるという、一部上場会社では考えられない事態が起こった。俺、何か悪いことしたかな、と足がすくむ。ノックをして部屋に入ると、社長がおでこに手を当てて俯いている。頭痛？

「僕は胸が熱い。農業をやりたいからこの会社を辞めるという若者に会ってみたかった」

なんと！　支店長が社長に僕のことを話してくれていたのだ。社長は苦労して会社を立ち上げ、わずか20年弱で東証一部上場まで会社を成長させた立志伝中の人であった。僕が社長にまともに会ったのは、入社式のときを含めて数回程度だった。

社長は、わざわざ新聞の切り抜きをスクラップしてくれていた。「君がやりたいことは園芸療法ではないのだろうか」。

園芸療法とは、草木や野菜などを育てながら、心の健康を取り戻そうとする取り組みのことである。「園芸療法の資格は今の日本にはない。でもこの記事にあるようにアメリカにはある。会社に在籍したまま、会社の費用でアメリカに行って学んではどうか」。

なんだ、今僕の人生に何が起きているのだ。理解ができない。社長はすぐに人事に電話をかけ、「彼の辞表、処理しちゃった？　なかったことにできない？　無理？　融通きかせなさいよ」。人事部と揉めだしている。「ちょっとお待ちください。なんとか自力でやりますんで！」。僕は、ご厚意だけありがたくいただきますと必死で告げた。「そうかい。じゃあ来週、駒ヶ根の研究所に来なさい」と言われ、社長室をあとにした。

翌週、長野県駒ヶ根市にある会社の開発研究所に行くことになった。駅まで行くと、社長の送迎車プレジデントが横付けされた。こんな車、乗ったことないよ。緊張のまま研究所に行くと、社長がカーポートの上でネギを作っていた。なに、この絵。

説明を伺うと、屋上緑化の技術開発をしているらしい。「うちの会社はアルミのフェンスを作っているが、**緑の生け垣にかなうフェンスなんてないのだよ**。そうは言っても都市では生け垣を作ることは難しい。だから屋上緑化に挑戦したい。この灌水《かんすい》システムはね、イスラエルの技術なんだ。雨の少ない地域のほうが少ない水で土を潤す技術が高いからね。君は農家に研修に入るそうだけど、どうか僕に農業のことを教えてくれまいか」。とんでもない宿題をいただいてしまった。その後、僕は研修で学んだことをレポートにまとめて社長に送っていた。これは会社の同僚も知らないと思う。社長と僕の秘密の文通。

4 歩かないと決めた日

研修に入った。やることなすこと新鮮で楽しかった。農業をまったく知らなかった僕にとって、先輩研修生の言葉は常に新鮮で、師匠の言葉も逐一メモに取っていた。研修なので給料はないし、休みもないが毎日充実していた。

住み込み研修に入って、1ヶ月が経った頃。僕はバケツで大根だかニンジンを洗っていた。すると師匠の奥さんに「萩さんは手が遅いね」と注意された。一瞬、なにおー！と思った。弁当屋のアルバイトで三つのガスを使って、カツ丼と焼き肉とオムレツを同時に作ることができ、「アシュラマン」と呼ばれたくらい、手の速さには自信があった。そんな僕が……。

いや、奥さんの言うとおりだった。僕は毎日が新鮮で楽しんでいたけど、**ここが生活を担っている職場ということを忘れていた**のだ。バシッと言ってくれた奥さんに感謝した。

八ヶ岳農業実践大学校という学校が長野県にある。原村という美しい高原の村にある。

野菜栽培や畜産の実践研修をする学校で、若い人が集っていた。その頃、この学校には「農場内は歩くこと禁止。すべて走る」というルールがあると聞いていた。僕は、それを自分に課すことにした。それから**農場を卒業するまで一切歩かず、どんなに疲れていてもすべてダッシュ**していた。僕はこういう単純なことから形を固めていくことしかできなかった。

奥さんに「萩さん、小松菜とってきて」と指示を受けると、「はい！」と猛ダッシュで畑に行く。帰ってくると、「ついでにホウレン草を採ってきてって言おうとしたら、もういないんだもん。ホウレン草採ってきて」というふうに、非常に効率の悪い方向に働くことも多々あったのだった。

そういえば、農作業に夢中になっていたら、ジンマシンの薬を飲むのを忘れてしまった。あれ？　ジンマシン出ていない！　ずっと続いていた乾いた咳も止まっていた。野菜が作用したのかがわからない。ともかく、朝早く起きて、汗を流して働いて、農場で採れた食材で3食きちんとご飯をいただく。そして夜はとっとと寝る。この極めて健全な生活は、大学病院の薬よりも効果があったようだ。

5 たまたまの出会いで、たまたまの移住

研修中の8月くらいに、師匠の知人だった長野県八千穂村（現佐久穂町）の織座農園さんに1週間の短期研修に出された。研修生を1週間だけ交換してみるという試みだったらしい。埼玉小川町というのは、日本トップクラスに暑い熊谷の近くで、8月だと朝6時くらいから滝のような汗が出る。本当にきつい。そんなときに、標高1000メートルの長野に行ったわけです。なんて涼しい。凛々しい八ヶ岳。雄大な浅間山。水はとてつもなく綺麗で、高原の朝の気持ちよさと言ったら。これはずるい。そりゃ勘違いしますよ。こんなに素晴らしいところはないって。1年で一番いい季節、夏に来たんだから。この頃の僕は、**「高原では冬に農産物は作れない」という基本的なことに思考を巡らす脳を持ち合わせていなかった。**

栃木とか茨城で就農地を探そうと思っていたのが、織座農園さんの多大なるご親切をい

ただいたこともあって、八千穂村に就農することを決めてしまった。

研修仲間だった関谷航太さんが八千穂村に決めていたのも大きかった。関谷さんは東京農業大学の出身で、僕の1歳年上。大学時代に農業系のサークルに入っていた方で、農業に対する知見を僕よりもはるかに持っている先輩だった。この判断は正解だった。関谷さんという仲間がいなければ、おそらく農業を続けていられなかっただろう。後に、それぞれ子どもを3人授かり、新規就農と子育てを含めた家族のあり方の難しさなど、リアルな悩みを相談できる貴重な仲間だった。


僕には「あっさり決める」という悪癖がある。買い物をするのもとても短時間。まず、調べない、選ばない。最初に目に入ったものを買ってしまうし、最初に出会った人と組んでしまう。この話をすると、妻から「最初に出会ったからって理由で結婚？」と質されるのだが、「い、いや、すべての人類の中から吟味して選ばせていただきました」と答えている。

そう、農業の話を僕に引っ張ってきた、学生時代からおつき合いしていた女性、あの彼女とそのままストレートに結婚したのだ。お嬢さんをください、とご両親にお願いに行ったときには、無職の農業研修生。どの面下げてとはこのことだろうと、結婚の承諾をお願いしながら自分の心中で自分に突っ込んでいた。

結果、僕が八千穂村を選んだのは、織座農園さんがあったり、関谷航太さんがいたり、夏涼しぃー、くらいの理由だった。何よりも、小川町の次に「たまたま」出会った場所だったということ。

その後の僕は、この「たまたま」の連続で生きていくことになる。

現在、のらくら農場がきっかけで佐久地方に移住してきてくれた人は、その家族を含めると30名を超える。しかし、人口増加の意図や戦略があったわけでもなくて、たまたま気が合った、目的が一致したなどの偶発的な出会いばかりだった。移住のセミナーにお声がけされて、司会の方に質問をいただく機会があった。「最初にどんな作戦があって移住者を増やしたのか」と聞かれても、移住者が増えたのは結果的にであって、意図したことではなかったので明確に答えられなかった。**たまたまはじまり、戦略や意味づけはいつだってあとからついてきた。**

小川町での11ヶ月の住み込み研修が終わる前日、夜、師匠のところに行って頭を下げて、「本当にお世話になりました」と告げた。ジェントルマンな師匠は僕にとって、とてつもなくかっこよく、僕は金子美登になろうとしていた。それを見抜かれたのか、師匠が

たまたま、湖の前の畑で収穫する日々。

放った言葉に愕然とした。

「萩さん、私を目指してはいけませんよ。私は農家の跡取りだったので、土地も家も山もありましたし、たまたま子どももいません。だからこんなことをやれているのです。私と同じことをしても、やっていけませんから」

研修に入るときも断られて、えー！　だったが、最後の日も、えー！　だった。

じゃ、じゃあ、どうすればいいんだろう、と膝ガクガク、手はブルブルの自分見失い状態で長野に旅立った。

しかし、この師匠の言葉が後に宝物になっていく。師匠は僕に農業を教えてくれながら「金子流に縛られなくていい」と解放してくれたのだ。

6 時給350円

1998年4月。織座農園さんの多大なご協力をいただいて、妻と2人の農業がスタートした。規模は75a。農業では、よく10a単位で面積を表わす。

1反＝10a＝1000㎡。20メートル×50メートルのプールが1反だと想像していただくといいかもしれない。つまり、このプールが7・5個分。2021年ののらくら農場の10分の1くらいの面積だった。

中山間地なので、一日中日が当たる畑は少ない。資金は600万円。この頃は、新規就農の補助などない時代だったので、当然、全額自己資金だった。

育苗ハウスを建てる。しかし僕はそんなものを建てたことがないので、ご近所のハウスを見学させていただいて、「ふむふむ、なるほど」、なんとなくこうやるのかなという感じで、手探りでやってみた。

はじめてから痛感したのが、埼玉で学んだことがほとんど通用しないということ。当時は有機栽培の根本的な技術検証がまだなされていない時代だった。さらに、師匠に教わったことから理論を抽出し、作業に変換する能力が僕にはまったくなかった。所変わると、もう何がなんだか、という状態だった。

1ヶ月が経った頃。妻が、お腹が痛いと苦しみだした。病院に行くと、とりあえず様子を見てと言われて帰った。夜中に強烈に痛みだし、再度病院に行くと、卵巣嚢腫茎捻転と診断された。卵巣が2回転半くらいねじれて、血が止まり、機能しなくなっているとのこと。「2回転半って、体操の技みたいだな」と場違いな感想をもった。手術をして卵巣を摘出することになった。**摘出した卵巣から、歯が生えていた。**あの「歯」である。細胞の奇形らしい。お医者さんに聞くと、骨ができていたり、髪の毛が生えていたりいろんなケースがあるそうだ。原因は不明。最近増えているんですよ、と聞いた。

後に、この話をある食養生の先生に話すと、農業に就く前の妻の食事の偏りをズバリ当てられた。え？　なんで妻の食生活知っているんですか、というくらいに。

というわけで、農業1年目、波乱の幕開けとなった。

ホウレン草の種をまく。うまくいく。同じような肥料を使って種をまく、ちっともうまくいかない。原因がわからない。荒れ地跡にナスを作る。とても少ない肥料で、とても元気に育つ。「この作り方か!」とコツをつかんだ気がして、翌年同じやり方をする。まったくうまく育たない。土の法則も植物の成長の法則も、僕はまるで見つけられないまま、まったく休まずとにかく働いた。

1年目は、すったもんだありながらも、なんとか終了。売上は400万円ほど。

2年目、木が50本くらい生えている荒れ地をお借りしたときはうろたえた。何せ、木を切るにもチェーンソーを使ったことがない。今のようにネットでなんでも調べられる時代ではない。リサイクルショップでチェーンソーを買ってきた。試しに細い木を切ってみると、自分のほうに倒れてくる。おかしいな。もう1本切ってみる。自分のほうに倒れてくる。おかしいな。とやっていたら、近くを歩いていたおじさんが「どうしたい。危なっかしいな」と切り方を教えてくれた。

木を切ったはいいけれど、根が残っている。工事用機械レンタルで、抜根するためにバックホーを借りてきた。しかし、バックホーを運転したことがない。レバーを引くと、ウイーンと回転した。ああ、このレバーでこう動くのか。トラックの荷台に積まれた状態で練習して、いよいよ荷台から下ろすことにした。人生で一番冷や汗をかいたのが、このとき。緊張で手足が震えた。今考えても無茶しすぎだったと思う。

僕がチェーンソーで木を切って、妻が覚えたてのエンジン草刈機で藪を刈る。妻の体調がなんだか悪い。まさか、また卵巣の病気じゃないだろうかと、怖くなった。結果は、妊娠だった。嬉しさと、「やばい、これからどうするんだ」という戸惑いがまぜこぜになったが、かき混ぜると断然嬉しいほうに軍配が上がった。

しかし現実は甘くない。次々とやらなければならない仕事に日々が押しつぶされていく。生き物の野菜相手なので、どうしてもこの時期にこの作業をやらねば間に合わぬ、の連続。畑は思うようにいかず、妻のお腹はどんどん大きくなっていく。

秋の集落対抗村民運動会にお誘いいただいた。参加者の中では僕がダントツに若かったので、走る系の種目はほとんど出ることになった。集落になじむために、何回だって走ろうと思っていた。運動会は盛況のうちに無事終わった。

妻はギリギリまで働いてくれ、出産のために実家に帰った。農作業は、あとは1人でやるしかない。あれ？　首が痛い。なんだこれ、とんでもなく痛いぞ。病院に行ったら、過労からくる帯状疱疹だった。

ええ、自覚ありましたとも。運動会で走っていたとき、「あ、一線を越える」とピーンときた。昼休みに病院で点滴を受けながら、1人で農作業をやる日々となった。

でも、そんなことは些末なこと。一番苦しかったのは、出口の見えなさだった。栽培のコツがまったくつかめない。僕は、真っ暗闇の部屋の中にいるようだった。その部屋はどれくらいの広さかもわからない感じで。

その頃の僕の稼ぎは、**時給に換算すると350円**だった。**妻と合わせてやっと700円**。当時の長野県の最低賃金は630円だった。妻と合わせて、やっと1人分の最低賃金を超える程度の稼ぎだった。

後に気づくのだが、**妻の「常識人ではない」という人柄がとても助かった**。常識人だったら、「時給350円って、おかしいよね。無理だよね」と言うに決まっている。当時、新規就農するのに、常識で物事を捉えられてしまうと、何もできなくなってしまう状況だった。時給350円という稼ぎの少なさにピンときていない妻の資質に助けられた。

会社員を僕は3年しか経験していなかったが、3年目は年収550万円くらいだった。

収入の落差はすごいものだった。でもなんだろう。自分たちに貧相な生活感はなかった。いや、どう考えても周りから見たら極貧なのだが、「全然生きていけるじゃん」感のほうが勝っていた。これが農業の魔力か。

農業の資金は当然かかるのだが、生活資金は非常に少なくて済んだ。農業をはじめて4年ほどは、年間150万円くらいの生活費で生活できた。僕も妻も物欲があまりなかったのが幸いした。

では、このままでいいのかと問われると、それではダメだという確信があった。多分自分たちがこの真新しい生活に慣れていないから楽しいのだ。そして若いから何をやっても楽しく感じるのだということ。この生活を続けたら、40代のある日、ポキっと心が折れてしまう予感があった。そして、職業のプロとしてうまくいかないことがもどかしいのは間違いなかった。

「農業やりたい」と言い出し、今も農業をやっている妻。「こんなに忙しいはずじゃなかったんだけど」と、目指していたのとはちょっと違う現在？

7 暗闇の中でスイッチを見つける

就農当時、「有機で3年作り込んだら土ができてくる」となんとなく聞いていた。就農して3年が終わる冬、「さあ、3年経ったけど、よくなったのか」とはたと立ち止まった。答えは「よくわかりません」だった。

というのは、「よくなる」の中身がなんなのかを理解していなかったからだ。もちろん、土がフカフカの状態、団粒構造や有用微生物の働きなど、教科書に載っているような知識は、あるにはあった。しかし、日々の作業に活かせていない感じで、相変わらず暗闇の部屋にいるようだった。失敗しても成功しても原因がわからない。

その頃、長野県の伊那市にオーガニックの肥料を専門に扱うジャパンバイオファームという肥料屋さんができたのを知った。抗生物質を使わずに飼育した鶏の糞を扱っていると聞いて、行ってみることにした。

そこで出会ったのが小祝政明さんだった。ようこそ、と温かく歓迎してくれたのだが、僕が鶏糞を買おうとすると、渋い顔になった。1反に入れる量は？　その根拠はなんですか？　と聞かれる。僕は、「なんとなくそれくらいがよくできている感じがあって」と自信なく答える。小祝さんは、その場でミネラルの重要性を語りはじめる。こういう症状が出ていませんか？　と。出ています、出ています。それはマグネシウム欠乏だと指摘される。「じゃあ、そのマグネシウム資材はどれくらい入れたらいいですか？」と聞くと、「それは土壌分析してみないとわかりません。**土に必要量あれば、入れる必要はありません**」。

結局、売ってくれなかった。なんだこの肥料屋さん！

2019年国連でのSDGsカンファレンスで第一位を獲得する小祝政明氏。ニューヨークの夜景を背景に。「何かの賞を取ったらしい」とニューヨークから連絡があった。本人もよくわかっていなかった（笑）

この商売っ気のない肥料屋さんの存在が気になってきた頃、勉強会があるというので、行ってみることにした。その内容はまるで生物と化学の授業のようだった。何を言っているのかさっぱりわからない。講義についていけない。それでもこれだけはわかった。「とにかく自分はわかっていない」。

何度か小祝さんの勉強会に参加するようになって、なんとなくわかってきたのが、よくある「○○農法」というものではなく、基本的な植物や土壌の理論ということだった。当時は名前がついていなかったので、「小祝さんがなんか言っている説」という感じでとらえどころがなかったのだが、後にBLOF理論（Bio Logical Farming：生態系調和型農業理論）と名づけられ、確立されていく。この理論を使って、アフリカのザンビアで、トウモロコシの有機栽培で驚異的な収穫量を実現した。その取り組みが2019年に国連のSDGs（持続可能な開発目標）の部門で第一位を獲得することになる。長野の小さな肥料屋さんからはじまった人が、ニューヨークで表彰されるとは、痛快だった。この出会いから今に至るまでおつき合いがあるが、農家への眼差しが温かい方だ。

ともかくその、土壌分析とやらをやってみることになった。土の成分を抽出して、試薬と反応させて、試験管の色の濃さで土のミネラルを検査する。

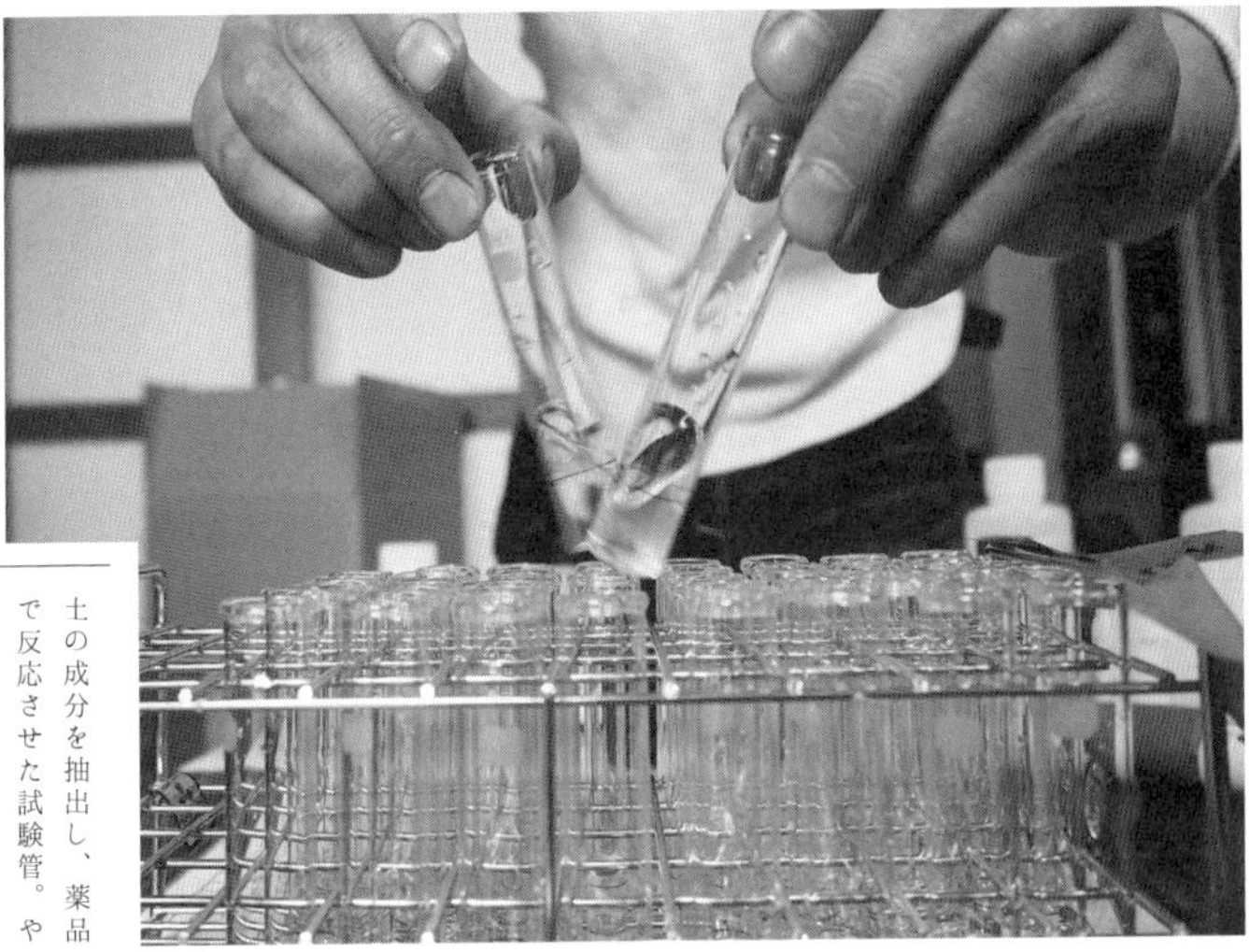

土の成分を抽出し、薬品で反応させた試験管。やり方は……ムチャクチャめんどう。

検査項目は、硝酸態窒素、アンモニア態窒素、カルシウム、マグネシウム、カリウム、リン酸、鉄、マンガン、酸度、必要によっては塩分の10項目。他にホウ素やケイ酸なども重要な項目で知りたいところだが、このキットでは調べられない。

検査結果、土のミネラルバランスがガタガタなのがわかった。**3年とにかく作り込んだら土ができてくるわけではなかった。どういう3年を過ごすのかが大切**だったのだ！

ともかく、僕は自分の日々の仕事の結果である土の状態を、はじめて客観的に見ることができたのだ。暗闇の部屋でようやく明かりのスイッチを見つけた気分だった。

風と土

風土とは風と土で成り立つ。風はよそから運ばれてくるもの。土はそこにあるもの。来るものと受け止めるものがあって、はじめて風土は成り立つ。この話を聞いて、僕がまっさきに思い浮かんだ「土」の人がいる。

就農1年目は、織座農園さんのご尽力でなんとか農地をお借りできたが、2年目は自力で広げなくてはならない。

あてもないので役場に相談に行く。耕作放棄地があるのは素人目に見てもわかるので、地主さんを探すしかない。「う～ん、そうだねえ。あなたが信用をつけてからでないと土地っていうのは借りられないもんですよ。まず信用をつけないと」「その信用をつけるために農地が必要なんです」と、ニワトリと卵のような会話。

当時、地下鉄サリン事件を起こした教団がこの地域に進出してきていたので、役場の方の警戒心は今考えると正しい。

途方に暮れて、空いている農地を見ながらトボトボ歩いていると、農地に札が立っている。

後でわかるのだが、お米を作っていないときに立てる、転作の札だった。そこに、カタカナで地主さんの名前が書いてある！　これを頼りに、一軒一軒、回ってみることにした。

結果……全滅。何の信用もない、よそから来た若造に土地を貸す人などいない。役場の方の言うとおりだった。それでももう一軒、と気力を振り絞って妻と家の戸を叩く。自己紹介をして農地が必要な旨を説明すると、「よく八千穂村に来てくれたね。どうぞ、お上がりください」と迎えてくださった。座敷に通して、丁寧に対応してくださる。

おかしなことに、僕への質問はほとんどない。そのほとんどが妻に向けられる。地主さんが問いかける。「奥さん、農業っていうのは思いどおりに行かないことばかりですよ。それでもやれるかい？」。地主さんの奥様も妻に問いかける。「奥さん、私はずっと酪農で乳搾りしてきたおかげで、指がこんなに曲がってしまいました。こんな手になってしまうかもしれないよ。それでもやるの？」。お二方の言葉は温かく厳しい。

その曲がった指を見て、妻が「私もそういうたくましい手になりたいです」と答えた。地主さんは、「よし、わかった。百姓ってのは、奥さんの腹が決まっていればなんとかなるもんだ」と、その場で他の地主さんに電話をかけはじめた。翌日、忙しいご自分の仕事を中断して、「ここは手を出さないほうがいい。この土地はちょっと荒れているが、2シーズンもやればなんとかもとに戻る」と、畑の特性を説明してくれた。

その日のうちに、何人もの地主さんと話をつけてくださり、土地を借りられるようになった。夢のようだった。この地主さんこそが、後に佐久穂町の町長になる佐々木定男さんだった。

地主でもある定男さんに毎年地代をお支払いに行くのだが、「子どものために遣いなさい」と、受け取っていただいたことがない。あまりに気が引けるので、うちの小麦で作った乾麺をお渡しすると、「これだけは大好きで、もらっておく。これだけは誰にもやらねえんだ。全部自分で食べる」と嬉しいことを言ってくださる。

定男さんとの出会いから20年以上たって、久しぶりにお会いする機会があった。定男さんは当時を思い返してしみじみおっしゃる。

「当時は心配したよ。仕事が終わって日が暮れた頃、お宅の家の前によく行ってな。明かりがついていると、ああ生きてるなって、確認していた」

ご心配おかけしました！　と僕は体育会系の直角お辞儀をした。

現在の集落に入るとき、そして今も言い尽くせないほどお世話になっている「土の人」が、農業歴50年以上の井手誠之さん。酪農家はハードな仕事だ。にもかかわらず、いつもこちらが気持ちよくなる笑顔の誠之さん。よそ者の僕に対しても、最初から丁寧に接してくださった。若者に説教するなんて聞いたことがない。むしろ「ほう、それはどうやってやるの？」と話を引き出す。会話がどんどん盛り上がっていく。とても無理だけど、こんなふうになれたらと思う。

地元の信頼が篤い誠之さんが、農地の仲介に何度も入ってくれた。農業のアドバイスもたくさんいただいた。誠之さんの同世代の農業の先輩方が、最初から仲間に入れてくださった。専業でやってきた「続けていく」という気骨は凄まじいものがある。

現在70代の先輩方が、この集落の世代としては最後の「専業農家世代」だ。専業としては60代、50代がゼロで、次は、よそから来た僕になる。

この先輩方と僕との年に一度の交流会が何年か続き、若い移住者がぼちぼち入りはじめた。会の幹事を毎年、誠之さんと僕がやるようになり、今では40人を超える会になってきた。町長や役場の方、地域おこし協力隊の方も参加してくださる。

お題を壁に貼っておいて、そこから好きに選んで全員が1分間スピーチをする。これは誠之さんのアイデアだ。

お題は僕が毎年勝手に考える。「これ一緒にやらない？」「おいしい！」「あの人すごい」「グッときた話」「やっちまったな」などなど。昨年は「マッコの知らない世界」を真似て、「マサルの知らない世界」を加えた。現町長、マサルさんのことだ。ちなみに町長さんは「やっちまったな」のお題を選び、「やっちまったのはですね、町長選に出たことです」と語って大爆笑を巻き起こしていた。

農作業の合間を縫って、この会の40人分の食事の用意を1時間半で済ませることができた。弁当屋でアルバイトしておいて本当によかった。

いつか僕が風から土にならないといけない。こんなすごい土になれないけどな〜。

第2章

のらくら農場 経営の公式

実践する中で見つかった僕らのスタイル・強み

1 ライバルのいない場所でやっていく

農業をはじめたころ、なんの農家になるの？　と聞かれ、オーガニックでいろんな作物を栽培したいと答えると、「無理だ。あれは趣味の世界だから。100％うまくいかない」と言われることが多かった。

サラリーマン時代、農地はどこがいいのだろうと考えた。日本地図を広げて、「なんとなく、この辺？」と兵庫県あたりを指して、県の新規就農の担当の方にアポをとり、電車で訪ねて行った。何かあてがあったわけではない。馬鹿なんじゃないだろうかと思うが、インターネットも普及していない時代、そうやってとりあえず歩き出していた。

担当の方と面会すると、「有機なんて絶対に無理。あなたが有機栽培をやりたいと言うのなら、私は一切協力しない」と断言されてしまった。

当時、僕も有機がやりたいと明確に考えていたわけではなかった。ただ、前もって送ってもらった兵庫県の就農アンケート用紙に、選択項目として「有機農業」と書いてあった。「なんか、時代の先端？ ここに丸を書いておけば話を聞いてくれるかも」と打算的に丸をつけて職員さんに送っていたのだ。僕は、心の中で「いや、そんなにやりたいってわけじゃないけど、ここに有機って書いてあるからさー。丸しちゃったじゃない。大体、有機栽培ってこっちもよくわかっていないんだよ。有機がだめなら最初から言ってくれれば時間とお金かけて兵庫まで来なかったのに。電話のときに言ってよ」とブツブツつぶやいていた。

僕が有機栽培を選択したのは、たまたまお世話になった師匠がやっていたから、くらいのきっかけだった。

僕は就農後15年くらいまで、町の中で自分から「有機栽培です」と言ったことはない。壁ができるのが嫌だったのだ。聞かれると、「まあ、そんなことやっています」とあやふやに答えていた。

それでも、あまりにも「無理だ」という言葉を耳にするので、何回言われるか数えてみることにした。２００回を超えたあたりで数がわからなくなり、やめましたけど。

正直、最初はいちいち傷つくこともあったが、僕は経済学部出身。都合よく解釈してしまうことにした。市場とは、参入障壁がなければ、そこに利益があるとわかると、利益ゼロになるまで参入が続く。これだけ、みんなが無理だと言うことは、その人たちは参入しない、ライバルにならないということなので、僕の居場所は安泰だな、と解釈するようにした。「無理だ」と言われるたびに、「ああ、安泰」と思う。

当時の新聞記事で、どこかの経営者の**「同業の80%が反対するとき、もっとも画期的な何かが生まれる」**という言葉が載っていた。これも自分の都合のいいように解釈して、ずいぶん救われた気がした。

佐久穂町でこの時期にゴボウを本格出荷している人はいない。有機農業においては栽培が非常に難しいので、競争はさほどない。ゴボウを掘り終える前にまさかの雪。

逆もある。国が「これからはオーガニックだよね」と言い出したら、僕は「危ないぞ」と自分にアラートを鳴らすことにしている。東京オリンピックが開催されることが決まったとき、オーガニック食材が日本になさすぎて、選手村用にオーガニック食材を確保しないと恥をかく、という流れが起きた。

オーガニックが広がるのは悪いことではないが、諸手を挙げてこの流れに乗るのは危険だと思った。広がるとは、陳腐化と紙一重だからだ。

食に関して、日本では数年に1回、ブームが起こる。たいてい、定着しない。白インゲンダイエットで売り場からインゲンが消えたり、納豆ブームのときは、納豆がまったく手に入らないこともあった。「白インゲン作っていませんか」と何度も問い合わせがあった。生産現場は、ただただ翻弄されるだけだ。一過性のブームは生産を疲弊させてしまうので、ブームに対して、僕たちはアラートを鳴らしながら進もうと思う。

見つけた公式

8割に無理だと言われる＝ライバルがあまりいないと都合よく捉える

2 情熱のプロダクトアウト

今や農業界でもマーケティングの視点が不可欠で、「マーケットインか、プロダクトアウトか」と問われるようになった。

マーケットインとは、買う側の視点で製品を作ること。顧客のニーズを取り込んだ製品開発をする感じだ。プロダクトアウトとは、生産者側の視点で製品を作ること。ざっくり言うと、生産者側が作りたいもの、作れるものを作る感じだ。

最近、農業はプロダクトアウトからマーケットインに移行しなければならない。生産者が買う側の視点なしに作るからいけないのだ、という批判をたまに聞く。

す、すみません。うち、比率で言うとマーケットイン4割程度です……。

この4割とは、生産額とか栽培面積とかではなく意識的にというもので、**作りたいから**

作る、が6割くらいの意識だ。

標高1000メートルの高原なので、夏にオーガニックの大根がほしい、ホウレン草がほしいというご依頼をいただく。それに対して全然違う提案を返してしまうことがある。「この時期なら絶対こっちのほうがおいしいですって!」と。

さらに**誰にも頼まれていないのに作ってしまうことが多々ある。**その最たる例がこちら。

旬じゃない春菊

春菊=鍋。この公式を壊したくなった。佐久穂町でうちが春菊を出荷するのは、6月、7月。8月はトマトなどが忙しいのでお休みして、秋は9月から11月上旬。見事に鍋の季節を外している。ところが、料理人さんやお取引先様がいらしたとき、畑で野菜をつまんでいただくと、きまって春菊に感動される。僕もおいしいと思っていた。自画自賛になってしまうが、心からそう思っていた。

ところで、春菊の旬っていつなのか？　春の菊と書くくらいなので、春から初夏もおいしい。そして、霜に弱い。実は真冬の春菊はこの霜から守るべく、生産者はポリトンネルで保温したり、ハウスで作ったりしている。冬に春菊を出荷するには、さまざまな苦労がある。日本に冷蔵輸送が発達していなかった頃、日持ちの悪い春菊は冬にしか輸送に耐え

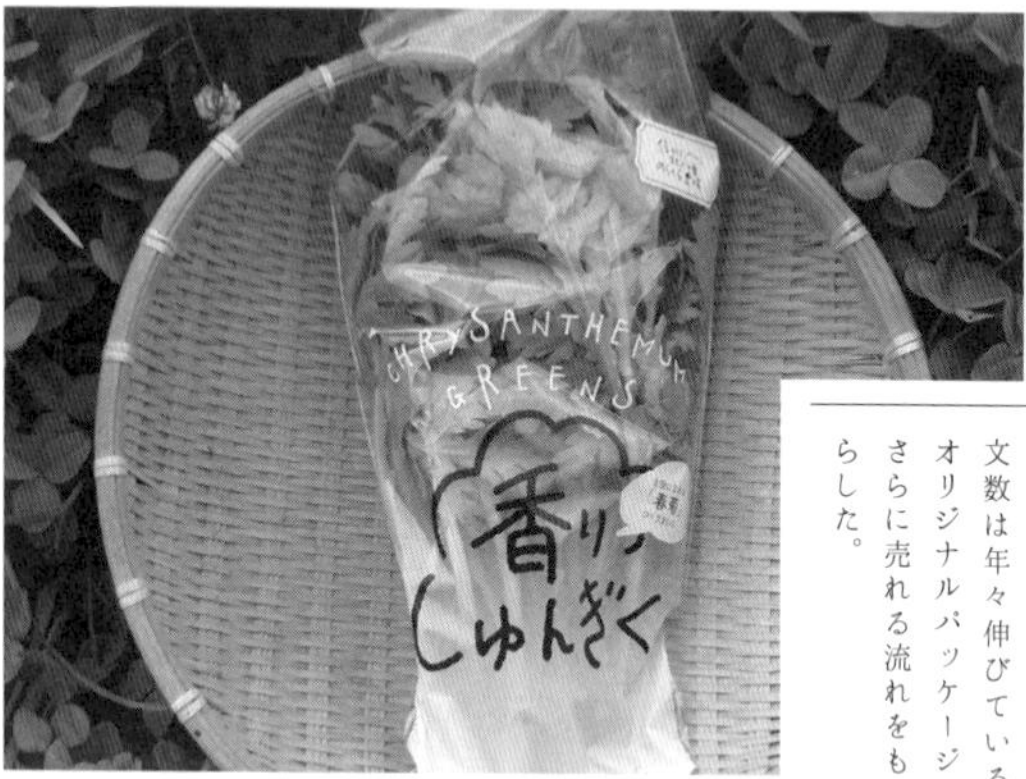

のらくら農場の看板作物にまで成長した春菊。注文数は年々伸びている。オリジナルパッケージがさらに売れる流れをもたらした。

られなかった名残で、春菊＝真冬という旬ができ上がったそうだ。

うん、今の時代とマッチしない。壊してしまいましょう、ということで取り組みがはじまった。

春菊はうまく作ると生か炒めるのがとてつもなくおいしい。むしろ鍋は春菊の味を引き出せない。炒めるときは、にんにくと塩のみ。ぶわっと口の中に甘みと香りが広がる。生の場合は、刻んでごま油と醤油と揉み海苔でざっくり混ぜるだけ。箸が止まらない。

ただし、栽培によっておいしくもなるし、まずくもなる野菜の代表格でもある。

サラダ用春菊という品種がある。生でもエグみが少ない。でも僕はちょっと不満。味と香りが薄いのだ。そこで、鍋用の品種をエグ味なく栽培して、味も香りも旨味もギュッと詰まった春菊の栽培に成功した。

スタッフと試食して、「これ、うますぎるだろ！」と僕たちは自信を持った。関西の生協さんとも取引の約束が取れたし、さあ、生産スタート、と思いきや……全然注文が来ない。こんなにおいしいのに、と嘆きながら100万円分以上が廃棄となる。

いやいや、僕らの方向は間違っていない。食べ方を提案しなければならない。レシピ100個作るぞ！　と檄を飛ばし、グーグルドキュメントにレシピと画像をどんどん載せ、ショップさんや生協さんがカタログに引っ張れるようにした。すると、徐々に火がついてきた。結局その年は、なんだかんだ言って、2万束を売ることができた。2万のロットを超えるとオリジナルパッケージが作れる。2年目に4万束、3年目に5万束、4年目に6万束と順調に増えていった。

誰からも求められていない、需要ゼロのものを、「だって作りたいんだもん」のエネルギーでここまで育てられたのは僕らの自信になった。

水耕じゃない三つ葉

取引先のイタリアンレストラン、ヒロッシーニさんでは、春になるとアサリと山三つ葉のパスタが出る。シェフが近くの山で摘んでくる三つ葉は味も香りも鮮烈で、震えるほど感動した。ポイントは三つ葉が山ほど入っていること。

世の中に出回っている三つ葉のほとんどは、水耕栽培だ。水耕栽培はクリーンに栽培できるメリットがある。でも僕は、あの山三つ葉の鮮烈さが忘れられない。そこで、土で栽培する「土耕みつば」に挑戦してみた。

たいてい、三つ葉は茶碗蒸しなんかにほんの一枚入っている程度で、さみしい。僕はワッシャワッシャ食べてほしかったので、一袋50グラムという結構な量目にした。土耕三つ葉とあさりのパスタ、最高ですよ。

とてつもない猛暑などの自然の変化の影響で、これから旬も、名産も変化してくると思う。というか、変化しないと生き残れない。栽培技術や新品種よって、ある程度は乗り越えられるが、あまりに無理をして乗り越えようとしないほうがいいと思っている。実際、僕らの作目もずいぶん変化してきた。今は50種類くらいを栽培しているが、毎年、品目が2、3入

三つ葉とトマトの和え物。

れ替わる。高原だから夏のホウレン草を期待されて以前は作っていたが、7月のホウレン草、なくてよくない？　ということで、やめてしまった。7月に他にもっとおいしいものたくさん作れるし。

こうやって取り組んでみると、マーケットインとプロダクトアウトは対になる概念ではないと気づく。生産者側の視点と言ったって、要は「お客さんが喜ぶもの」というのがやはり前提になる。僕たちが作りたいというのが出発点だが、お取引先やお客さんにとっても必ずいいものであるはずだ、という強い思いがなければ成り立たない。マーケットインと言ったって、生産者の都合を無視して作ることは結果的にお取引先にご迷惑をおかけしてしまう。

どちらも溶け込んでいるような、落としどころを見つけていく作業がとてつもなくおもしろい。

見つけた公式

情熱を持って栽培できる比率
マーケットイン：プロダクトアウト＝4：6

3 「良質の中量」を狙って作る

20年以上も農業を続けることができて、ある程度形ができてくると、「有機農業なんて無理だと200回以上言われたけど、なんとか形になったよ」と少しは見返す気持ちも出てきたが、もう半周回って、やっぱり無理だと言ってくれた人たちの言葉は間違っていなかったのかもしれないと思うようになってきた。

宅配便の値上がりが一つの分岐点だったと思う。それまではきらりと光るお店ときらりと光る農家が直接やり取りをすることができた。しかし宅配便の値上がりによって、それが一気に難しくなってきた。

うちは、ある程度その値上がり時期までに土台を固め、出荷量も多い状態になっていた。うちを担当してくれている宅配業者の佐久地域の営業所では、荷物量が今のところトップらしい（その経営もどうかと思うが）。だから、運賃が値上がったのは間違いないが、他の生産者よりも低く抑えられている。これは、うちに能力があるからでもなくて、たまたまそういう時代にそういうポジションにいたというだけの話だ。だから、今ゼロから起業して、うちのやり方でスタートするのは極めて難しい時代になった。ロットの小さなショップさんに、農家が出荷したくてもできない時代になってきた。

うちでは、たとえば夏場は毎日15品くらいをこれくらいの量出荷していて、キュウリもトマトも専門農家さんに比べたら少ない。

キュウリ　100キロ／ピーマン　80キロ／ミディトマト　100キロ／ズッキーニ　1000本／ナス　100キロ／インゲン　100キロ／長ネギ　120束／ジャガイモ　80キロ／タマネギ　100キロ／甘ナンバン　30束／小松菜　100束／水菜　50束／紫水菜　30束／カボチャ　100キロ／ミニカボチャ　50個

日によって品目の量は変わって、小松菜が500束の日もあるし、ズッキーニが800本に減る日もある。秋は多いときで20～25品近くなる。品目によっては、専門農家さんに匹敵するくらいの量を出すこともある。たとえば春菊を1日に2000束以上出荷するときもある。

ショップさんからすると、比較的運賃が抑えられていて、それなりの量を時期を狙って作れるうちのやり方は、重宝いただいているのかもしれない。

のらくら農場の特徴はこんなところだ。

①カタログ販売の場合は、「いつ・どんな野菜を・どれくらい」出荷できるという約束ができる。天候によってずれる場合もあるが、たとえば7月2日の週に春菊1200束、三つ葉300束、ズッキーニ1000本など、緻密に作戦を立てて出荷している。

②多品目がほしく、なおかつそれなりの量が必要である場合にも対応できる。

③多品目をケース単位ではなく1キロ単位、または葉野菜は1束単位で混載して出荷できる。ただし、1回のご注文の最低金額はざくっと設定させていただいている。

④災害級になると厳しいが、悪天候にそれなりに強い。特に台風で荒れる9月に安定出荷ができる。これは完全に狙って、荒れる9月に頼られる農家になろうとしたことによる。9月に安定出荷できると信頼を獲得できる。結果、うちが出荷できる期間は通年で取引いただく形になる。

のらくら農場は、何かでナンバーワンの農家というわけではない。各野菜をもっと大量に安定的に作っている農家さんもある。この四つの特徴は、一つ一つはそれほど珍しいものではないが、いくつかの普通要素を組み合わせると、かなり珍しい存在になれる。

多くの人に「多品目の有機栽培など無理」と言われたが、うちの「量」と「品数」を重宝してくれる取引先が少なくないのだ。

一つずつ強みが増えていき、気づくと**「意外と見つからない農場」になっていた**。「理念や栽培方法がドンピシャです」とピンポイントで気に入ってくださってはじまる取引もあるが、「探したけど他になかった」という理由で、取引のお声がけをいただくことも少なくない。

見つけた公式

取引先との出会い＝ピンポイントの出会い＋消去法の出会い

4 自給自職。仕事がなければ、仕事を作る

長野県佐久穂町。その中でも標高1000メートルの高い場所に位置するのらくら農場では、冬はすべてが凍りつき、露地では何も作ることができない。数棟のハウスでいくらか葉野菜を生産している。

冬は雪も降る。積雪で潰れるリスクがあるので、ハウスを何十棟も建てて生産するのは難しい。長野だけでなく、東北、北陸、北海道などの農業県は冬に作物を作ることができないという点が、通年雇用の最大のネックとなっている。

現在、長野県の多くの農家さんは、家族経営だ。そうでなければ、外国人技能実習生を雇用しているケースが多い。または、期間アルバイトの雇用でハイシーズンを乗り切って、冬は雇用していないケースが多い。

その事情は痛いほどわかる。厳しい冬の期間に、雇用を維持するのは農業経営において

もっとも難しい。のらくら農場でも全員を通年雇用する力はない。

夫婦プラスアルファの農業からようやく脱出しようとしていた頃のこと。一気に3人のメンバーが増えた。何せ弱小農場なので、正直に話すことにした。

「本当に弱い農場でね。正直言うと、これだけの人数の冬の仕事がないんだよ。だから、冬の仕事を一緒に作ろう」

冬だけ稼働する、漬物加工は以前からやっていた。4種類の漬物を作っている。冬の重要な仕事だ。

地下室（ムロ）を増設した。地下にコンクリートで枠を作り、そこに野菜を貯蔵する。以前お借りしていた古民家に自家用の一坪弱の室があって、とても重宝した。それをヒントに作った。貯蔵野菜の品目が多いので、どこからでも開けられるように木蓋にした。ここに、長イモ、ゴボウ、ニンジン、大根数種類、赤カブ、ジャガイモ、カボチャなどを年末までに20トン以上パンパンに詰め込んで、冬を迎える。3機の冷蔵庫と土間にも詰め込めるだけ詰め込んで、年明けに徐々に出荷していく。地下室は外がマイナス15℃でも凍らない。熱源は地熱。電気や灯油は一切使わないで済む。これで冬の出荷を延長できる。

レトルトスープにも挑戦した。カボチャ、ジャガイモ、ニンジンの3種。それぞれにタマネギが入る。

僕は幼少のとき、学校から帰ると、祖父母と時代劇を見ながら過ごした。じいちゃん、ばあちゃん子だった。祖母が倒れて、9年寝たきりで亡くなった。よく病院に行って、食事の手伝いをしたのだが、あまりおいしくないらしく、たまにはおいしいものを食べさせたいなと心が痛んだ。


時は流れ、僕も子どもを持つようになり、子どもが離乳食からちょっと固形物を食べられるようになった頃、夫婦二人で風邪を引いて、とてもじゃないが子どもの食事を作るのがしんどい日があった。質よく手抜きできるものがあったらいいなと感じた。

子どもでもお年寄りでも食べられるおいしいスープがある世の中は、いい世の中じゃないだろうかと思い込んで、レトルトスープの製造会社に企画を持ち込んだ。僕らにとってはとても大きな会社なので、今考えるとよくおつき合いいただけたと思う。とても大きなロットだが、先方からすると極少であるにもかかわらず、丁重に対応してくださった。

ただし、無添加は初挑戦ということで、レシピはこちらで作る。何度も試作してもらうが、まったくおいしくない。

一番きつかったのが、製造過程で出汁を取る工程がないこと。通常はアミノ酸を入れてしまうので、出汁の必要がないのだ。僕は、化学調味料に反対しているわけではないのだが、ブラインド（目隠し）でいろいろと試食してみると、口に入れた瞬間は商品ごとの味がするのだが、後味がどれも似ているように感じた。大手さんにはとてもかなわないので、小さな農場が大手さんと後味が一緒になってしまったら、存在意義がない。

　こうなったら、野菜にいかに旨味を乗せるかで勝負するしかない。土作りの施肥設計から勝負がはじまる。出汁が出るような旨味を野菜に持たせる。結果、乳製品と塩と野菜のみのスープで勝負す

スープだけでなく、ニンジンジュースやバーニャカウダー、漬物も作って売っている。

ることになった。野菜の原料比率は、「これ以上濃いと焦げついて調理できない」というマックスまで高めてもらった。野菜を食べてもらうのが目的なので、原料は多いほうがいいし、出汁をとっていない分、原料の量も旨味において必要だった。製造は、料理の思考法だとまったくうまくいかないことに気づき、これは理化学的に考えないと無理だとわかった。これで試作のチャンスは最後というところで、やっと思うような配合が決まった。

こうやってあの手この手で冬の仕事を作っていき、現在の通年スタッフは8名となった。高原は夏秋がとてつもなく忙しいので、冬はあまり詰め込みすぎず、赤字にならない程度の仕事量をこれからもアイデアを出して作っていきたい。

見つけた公式

極寒地での冬の仕事＝ゼロ
仕方ないので作り出す

5 集合知を作る

佐久穂に移住して、とてつもなく親切にしていただいたのが、お隣の大家さんのおばあちゃん。余った野菜を持っていくと、おかずになって返ってきた。しょっちゅうお茶に呼ばれた。まだ小さい子どもを家に残していかざるを得ない作業があったときは、子どもを預かってくれたこともあった。

おまけによくおいしい野沢菜漬けをいただいた。信州の人は本当に野沢菜をよく食べる。おばあちゃんに野沢菜の栽培法を聞くと、「この化成（化成肥料）をな、手にこんくらい持って、ぱらっとな、こういうふうに土にやるだよ」。ふむふむ、なるほど……。こんくらいがわからない（笑）。

漬け込みのコツを聞くと、「塩をな、手にこんくらい持って、ぱらっとな、こういうふうに樽にやるだよ」。ふむふむ、なるほど……。塩の量がわからない！

なんとなく、でおいしく作れるおばあちゃんは達人で、達人がもっているコツ、農業のベテランの体に染みついたスゴ技・知恵を「暗黙知」と言うそうだ。

土壌分析をやっていなかった頃の僕は、すべてがなんとなく、で構成されていた。始末の悪いことに、この僕の「なんとなく」のレベルがとても低かった。

あるベテラン農家さんに「苗の水やり10年って言ってな。それくらいかかるということだ」と教わった。

まったく、そのとおり。ただ、借地、借家、お金そんなにない、経験なし、親戚縁者周りになし、の新規就農者の僕が10年もかかってしまったら、経営がもたないのも事実。

土壌分析によって、土の状態を数値化できたのは、僕にとって大きな出来事だった。なんとなくの「暗黙知」を「形式知」にできたからだ。土の成分は形式知にできたが、作業のコツや手順がなかなか進まない。

移住したての頃、義理の弟、進藤大治君が農場を手伝ってくれることになった。その頃の僕の流行語は「なんつったらいいかなー」だった。うまく説明できない。そして説明することが面倒になり、「難しい仕事は全部自分でやる」という形になった。妻とダイジ君に単純な作業をやってもらって、僕が複雑な作業をやる。しばらくはうまくいったが、農場の力がまったく上がらないことに気づいた。しょせん僕の目なんて節穴。脳もたいしたことはない。よく、従業員のことを「人手」と言うけど、**うちに足りないのは、「手」と、一緒に観察する「目」と、一緒に考える「脳」だった**のだ。

そして、指示する立場になってから、もっとも痛感したことがある。それは、一緒に働いてくれるメンバーが、水やりのコツの習得に10年もかかってしまったら、それこそ経営がもたないということだった。

義弟が農家として独立し、一気に新人さんを3名雇用したときがあった。家族経営から少しはみ出しはじめた。

形式知化はまだ遅れていて、僕の頭の中でほとんどを考えて、指示を出す日々。1年が終わって、スタッフのタツさんに「萩原さんの頭の中をもっと覗きたい」と言われ、一気に資料化を進めることになった。

土壌分析の数値をファイルにして全員が見られるようにしたり、栽培の勉強会で教わったことをメンバーに伝えるようには以前からしていた。肥料の特性がわかる資料、栽培の計画表、出荷の計画表、誰が見てもわかる資料も次々と作った。さらに、時間をとって一

植物の繊維形成と細胞分裂について説明する。

販売管理システムを使って、必要収穫量がプリントアウトされる。誰がどの畑に散るのか、手短に話し合う。特にリーダーはいないが、自然と話はまとまる。

緒に畑で生育診断をするようにした。

形式知が進むと、今度は畑を観察する目が養われ、一緒に考える脳がつながってきた。ある害虫が終息する時期を記録し、その時期までは防虫ネットを使う。その際のネットの目合いはどれくらいがいいのか。「僕、調べたら0・6ミリですね」。

ある時期に出た病気を記録し、原因を探る。「もう少し炭素率を上げる設計だと、どうなんでしょう」と次々とスタッフからアイデアが出てくる。

スタッフの知識量が増えるにつれて、のらくら農場が有機的なチームになりはじめた。

農業には経験が大切だ、とよく言われる。そのとおりだと思う。しかし、「ここだけは経験が必要」という、経験でしか埋められない領域の特定くらいしてあげないと、若い人の上達に時間がかかりすぎてしまう。

見つけた公式

暗黙知→形式知→集合知

6 仲間の経験を自分の経験に組み入れる

「集合知」は農場内だけでなく、仲間の農家とも活かすようにしている。

露地中心の農業は基本的に舵取りが重い。1年に1回しか作れない作物もある。50年やったところで、50回しか作れない。50年の間に市場環境が変わってきて、作る品目を変える必要に迫られることもある。ゆえに、自分の経験だけを頼りにしていると、積み重ねられるものが限られてしまう。この経験値を効率よく上げる方法は、仲間の経験と共有することだと思う。

共通認識を作るのに、土壌分析はとても効率がいい。自分のやってきたことを数値として外部化できる。のらくら農場では、就農3年目の冬から分析をはじめた。それが積み重なって20年間で、1000検体以上を調べてきた。簡易キットなので研究所のような精密な検査はできないが、ザクッと大まかな数値が気軽に自分で測れるので重宝する。

現在は、検体数が多くなったので、農場独自でやっているが、それまで土壌分析は、新規就農仲間の関谷さんとずっとやってきた。初期は、試験管の読み取り装置もなかった時代なので、目視での判定で、今考えるとずいぶん雑な検査だった。うちが25検体。関谷さんも25検体くらい。**自分の経験だけだと、25の数値しか経験できないが、仲間のおかげで50の経験ができた**のは大きかった。

現在、佐久穂町で有機の出荷グループを作っている。メンバーにはうちから独立した人もいて、全員が土壌分析と設計ができる。肥料はすべて成分換算で会話する。菌の種類と働き、ミネラルの効果など基本的なことはすべて共有している。

たとえば、ある生産者が、栽培の失敗をしたとき、その画像や土壌分析の結果をテーブルに置いて、皆で原因特定と対策を話し合うことができる。

逆に、成功した場合、その設計シートをテーブルに置いて、成功要因を探ることができる。こうすると、経験が浅い人でも、一気に栽培技術を上げることができる。共同出荷は、全員が成功することが大切だからだ。技術を隠さず共有するほど、グループがうまくいくというループができ上がっている。

出荷グループのメンバー。

作物を作る上での、構成区分けも共有している。土のフカフカ、つまり団粒構造を作る物理性、菌や小動物の働きの生物性、ミネラルバランスなどの化学性、その他の因子。

仲間の1人に、アブラナ科の苗が枯れてしまうというトラブルがあった。原因特定を試みる。立ち枯れが出るときは暑いときか寒いときか。暑ければリゾクトニア菌、寒いときはピシウム菌と予測。侵入経路を考える。「水はどうやっている?」「ハウス横を流れる水路です」。たしか、彼の育苗ハウスの上流にブロッコリー畑があった。おそらく侵入経路は水路。

では対策は……「アブラナ科は水道水を汲んできて使用する」。

このように、トラブルも集合知で対処できていく。チームの中でも、チームの外でも、複数の観察眼と脳をつなげると、困難を乗り越えることができる。

見つけた公式

経験値＝
共通言語×（自分の経験＋仲間の経験）

7 長くおつき合いできる取引先

のらくら農場では、45軒ほどのお店などの野菜の卸先がある。小さな注文でも毎日来ると、年間ではかなりの金額になってくる。

エコロジーショップとして有名なGAIAさんという会社とは、もう20年近くおつき合いがある。年商は11億円ほど。東京の御茶ノ水と代々木上原に店舗を持ち、全国のショップに生活雑貨や食品の卸しをしている。環境に配慮したものを取り扱う会社だ。前代表の清水仁司さんは僕の一つ年上で、この人がいなかったら、のらくら農場は5年くらいで終わっていただろうと思うほどの恩人だ。

GAIAさんからは、ほぼ毎日のように注文が来る。

小松菜15束、大根12本、ピーマン10パック、春菊12束、カブ8束、水菜5束、ラディッシュ5束、カボチャ20キロ、ブロッコリー15個、スティックカリフラワー12束、ミニ白菜8個、加工品数点――という具合だ。一品一品は少ないが、2店舗からほぼ毎日、さらに卸部門からの注文が合わさると、年間の取引額は600万円を超える。こういうお店との取引を10持てば、6000万円の売上になるということだ。

「急にブロッコリー採れちゃったんだけど」と電話すると、「20個までだったら毎日適当に入れてください」と返事をいただく。フレキシブルで、やりやすい。

のらくら農場のお取引先には、こういうフレキシブルなショップさんが何軒もあって、とても助かっている。天候によって出荷時期が早まったり遅くなったりすることもある。

最小の箱数で、最適の大きさの段ボール箱を考える。慣れるまでは悩みながら。数の間違いがないよう、二重チェック。

そんなとき、**柔軟なやり取りができるというのは、生産者にとってとてもありがたい。廃棄作物が減らせるからだ。**

「柔軟に対応してくれるお店をどうやって探すのですか?」と生産者仲間に質問をいただくことがあるが、こちらから**柔軟なやり取りを一緒に作っていく**提案をしてみるのも手だ。

たとえば、キュウリなどのそれほど日持ちがしない果菜類を栽培している生産者が、複数の店舗を展開しているショップさんとお取引するなら、「毎日のキュウリの収穫量は限界があるので、A店は月水金、B店は火木土の出荷にさせていただけませんか?」と提案をしてみるといった具合だ。

また、余計な運賃をかけないための事前の取り決めも大切だと思う。たとえば「白菜1個を抜けばちょうど4箱で送れる場合は、1個抜いちゃいますね」と事前に取り決めをしておく。大抵のショップさんは、「そうしちゃってください。助かります」と、この対応を喜んでくださる。

取引する前提に、相手への好意やリスペクトがあることが欠かせないようにも思う。僕にとって、清水さんとの会話はとてつもなくおもしろい。

「萩原君、俺、鰹節削り器を気合い入れて売ろうと思って」

「なんでまた?」

「子どもが家で、鰹節削るのって、めちゃくちゃいいじゃん」

「いいですね。それは本当にいいですね」

という感じで、盛り上がる。


僕の長男が3歳のとき、「カケルは、食べ物は何が好きなの?」と清水さんが聞くと「マグロとブドウ」と答えたそうだ。1年後、清水さんはマグロとブドウを山ほど持ってきてくれた。僕はそんな話はすっかり忘れていた。

「どうしたんですか、こんなにたくさんのマグロとブドウ」

「だって、カケルはマグロとブドウが大好きなんだよ。なあ、カケル!」

行動の細部に愛が行きわたっている。そういう人だから長くおつき合いできるのだと思っている。

GAIA前代表、清水仁司さん(右から2人目)。人の心の機微がわかる。

見つけた公式

小さい×毎日=「!」

ラグビーボールとイチゴ

農業をやりながらの子育て。自然豊かなところで自由に子どもを遊ばせながら……と思い描いていたが、僕が下手なのだろう、思うようにいかないことばかり。妻には育休なんて無縁の生活をさせてしまった。次男が生まれた年、長男は3歳だった。次男が生まれたのが2月。その頃、子どもを保育園に行かせるのはなるべく遅くして、自分たちの手で育てるのがいいんじゃないかと思っていた。自給自足への憧れが僕の中でとても大きく、なんでも自分たちでやるのだという若気の至りが優っていた。お恥ずかしい。長男は社交性があるほうで、後にお試し保育に行ったときになんの違和感もなく溶け込んでいたのを見て、「早く保育園に行かせとけばよかった」と親の思い込みを反省した。

妻が生まれたての次男の面倒にかかりきりなので、長男を僕が畑に連れていくことになった。まず育苗ハウスに連れて行く。1時間以上は苗の面倒を見る必要がある。その間、長男はそこらへんで遊んでいるのだが、楽しいのは最初の数日だけ。そりゃ、飽きる。「お父さんまだー」「あー、ごめん。もうちょっと」。この会話の繰り返し。

その頃の僕は日々、本当に焦っていた。家族が増えたから、ちゃんと稼がないと。でも妻が出産後で動けないので、戦力が足りない。

苗の世話が一通り終わると、次は軽トラックに長男を乗せて、畑に行く。目新しくて、最初はよく遊んでいる。畑の土で山を作っている途中で僕の仕事が終わり、「ごめんな、次の畑に行くよ」と、長男の作りかけの山を残して、次の仕事に向かう。まるでラグビーボールを抱えるかのように、長男を脇に抱えて軽トラックの助手席に放り込む。

ある日、いつものように次の畑に行こうと長男を脇に抱えると、手足をばたつかせ、びっくりするくらいの抵抗を見せた。「俺は行かねー!」と全身を使って叫ぶ。僕は驚き、何かの糸が切れてへたりこんでしまった。長男の作りかけの山を、悪いとは思いながら自分の都合で途中のままにさせてしまっていた。毎日飽きていることに気づいていたのに。このとき、恥ずかしながら涙が出た。今日はもう仕事しないから遊ぼう、と言ったら、「競争する」と言うので、貯水池の土手でそれから3時間、日が暮れるまでずっとかけっこをした。あのとき、パッと明るい顔を見せて駆け回っていたことは忘れられない。

長男を育苗ハウスに連れて行っても飽きてしまうので、その年の11月に妻とイチゴを100株植えた。翌年の5月。毎日食べ放題のイチゴで長男を釣って、育苗ハウスに連れ出す日々なのでした。「お父さん、早くイチゴの畑に行こうよー」。食い意地がはっている子どもで助かった。

第3章

のらくら農場　畑の公式

土壌と栄養価を数値化し、
作業を形式知にする

1 栄養価を追求する

土壌分析と出会ってから、今では作物の栄養価を診断するまでになった。

左の表は、メディカル青果物研究所という分析機関で分析してもらった、のらくら農場のカブの栄養価の数値だ。野菜の診断スコアというグラフがある。太い線がのらくら農場のカブの数値だ。細い線は平均値。ただし、平均値とは、この研究機関に持ち込まれた野菜の平均値なので、全国平均とはまた異なる。それなりに腕に自信のある生産者が持ち込んでいるので、平均値はかなりレベルが高いそうだ。

評価は五つの項目がある。

①糖度　甘さの他にも要素が含まれているが、野菜の甘さがメインになる数値。
②抗酸化力　ヒトの細胞の老化を防ぐなどの効果があるとされている。
③ビタミンC　栄養の代表的な要素。

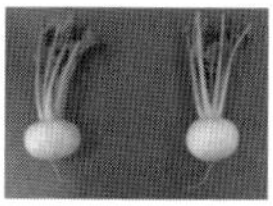

分析担当者 ： 森
ID ： 181210000N021-2/2*

分析結果報告書

サンプル名：かぶ
サンプル到着日：2018年11月29日

	分析結果	DB平均値 ※1（カブ/2008～2017年/11月～12月）	食品成分表値 ※2	備考
Brix糖度（%）	6.8	5.0	–	光合成の指標
抗酸化力《植物ストレス耐性力》（mg TE /100g）	22.4	11.4	–	DPPH法 窒素代謝（同化）や糖代謝の指標
ビタミンC（mg/100g）	20.7	15.9	18	糖代謝の指標
硝酸イオン（mg/kg）	483	1,070	1000	窒素代謝（同化）の指標
食味評価	5 嗜好型（1～5）	甘味：2　旨味：0　えぐみ：0　辛味：0　食感：1　香り：0 分析型（0を基準として−2～＋2の五段階評価）		

※1 DBはデリカフーズグループ保有のデータベースを指します。
平均値算出に用いた数：24検体
※2 日本食品標準成分表 2015年度版（七訂） ≪カブ/根、生≫ 参照

野菜の健康診断スコア

（4項目をポイント換算し、グラフ化しています）

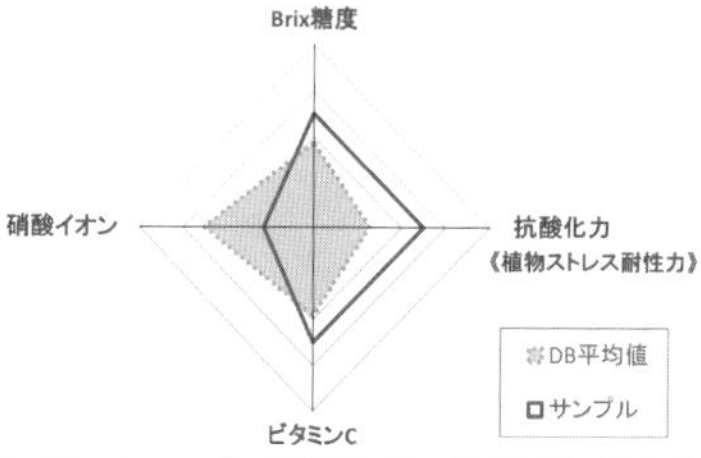

【総評コメント】

DB平均値（カブ/11～12月）と比較すると、Brix糖度は約1.3倍、抗酸化力〈植物ストレス耐性力〉は約2倍の高い値となりました。ビタミンC含量は平均値の約1.3倍のやや高い傾向が見られました。

硝酸イオン含量については、平均値の約5割のやや低い傾向の値でした。

食味については、コリコリとしていて食感良く、クセの無い食べやすい風味で、濃厚な甘味が感じられ、非常に美味しいという評価でした。

④硝酸イオン　突出して多いと味としてはえぐ味を感じる。低いほうが味のよさが高い傾向にあるとされている。

⑤食味評価　5段階で評価され、5が最高値。

すべてに当てはまるわけではないのだが、硝酸イオンが高い、つまりえぐ味が強いと、糖度、抗酸化力、ビタミンCが低く、味の評価も低い傾向にあるそうだ。グラフで言うと、「右に偏った4角形」が味もよく栄養価が高い傾向にある。

この評価をいただいたカブは、柿や桃のようなフルーツに近い味になった。

左の表はグリーンケール。かなり突出した数値が出た。のらくら農場では、新しく取り組む品目は「3シーズンでストライクゾーンに入れ、5年で極める」を合言葉にしている。これは取り組んで2シーズン目で実現できた数値なので、成功と言える。

ケールが青汁や野菜ジュースに使われているのには理由があって、この表の平均値のように抗酸化力やビタミンCが突出して高い野菜だからだ。しかし、同時に硝酸イオンも高く、苦い野菜でもある。この検査では硝酸イオンはほぼ検出されないという驚異的な数値が出た。まったくえぐ味がないケールだ。このケールだとコマーシャルで有名になった「う〜ん、まずい！」という青汁は作れないと思う。糖度17・8は果物並の数値だ。

分析担当者：本郷
ID：F20200031
オーガニック・エコフェスタ2020

分析結果報告書

株式会社 メディカル青果物研究所

サンプル名：グリーンケール
サンプル到着日：2019年12月18日

	分析結果	DB平均値 ※1	食品成分表値 ※2	備考
Brix糖度 (%)	17.8	11.0	-	光合成の指標
抗酸化力《植物ストレス耐性力》(mg TE/100g)	430	165	-	DPPH法 窒素代謝（同化）や糖代謝の指標
ビタミンC (mg/100g)	152	121	81	糖代謝の指標
硝酸イオン (mg/kg)	50.0 以下	2,470	2,000	窒素代謝（同化）の指標
食味評価	5 嗜好型（1〜5）	甘味：2 旨味：1 苦味：0 青味：0 えぐみ：1 食感：1 風味：0 分析型（0を基準として-2〜＋2の五段階評価）		

※1 DBはデリカフーズグループ保有のデータベースを指します。
平均値算出に用いた数：19検体（ケール/2009〜2019年/12〜1月）
※2 参考として、日本食品標準成分表 2015年度版（七訂）≪ケール/葉、生≫

野菜の健康診断スコア

（4項目をポイント換算し、グラフ化しています）

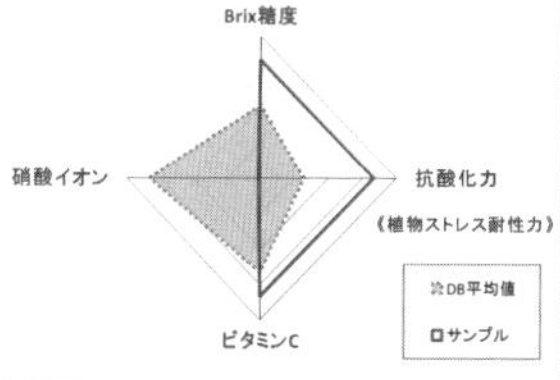

【総評コメント】

DB平均値（ケール/12〜1月）と比較すると、抗酸化力《植物ストレス耐性力》は約2.6倍と非常に高い値となりました。Brix糖度についても、平均の約1.6倍と高い値がみられました。ビタミンC含量に関しては、平均の約1.3倍と高い傾向の値となりました。
硝酸イオン含量については、検出下限値以下の非常に低い値となりました。

食味については、歯応えのある食感でやや口に残るが、茎部に強い甘味を感じ、後味にわずかにえぐみを感じるが、ケールらしい風味と相まって濃厚な味わいとなっており非常に美味しい、という評価でした。
全体を通して、大変良い結果となりました。

徳島県でオーガニック・エコフェスタというイベントが開催された。そのメインイベントに、栄養価コンテストというものがある。全国から集まった生産者が野菜の味と栄養価を競い、栽培技術の交流をする。この2019年のイベントに、のらくら農場はカブとグリーンケール、レッドケールの3品を出品して、3品とも部門別で最優秀賞を獲得できた。各部門の最優秀賞の中から、もっとも評価が高いグランプリが選ばれるのだが、レッドケールが受賞することができた。左の表がそのレッドケールの評価になる。

レッドケールは、年老いた母親を見て、量をそれほど食べられない人が少量でも高い栄養価をとれる野菜を作ろうと、取り組んだものだった。そういう意味で、目的は達成できた。通常のニンジンの抗酸化力は5くらいなので、このレッドケールの534はニンジンの100倍を超える数値となる。

2020年の栄養価コンテストには、小松菜とグリーンケールの2品を出品。小松菜はノミネート（決勝進出）、グリーンケールは最優秀賞をいただいて、二連覇を果たした。

僕たちは、偶然ではなく、完全に狙ってやっている。味と栄養価の高さはどのような栽培方法で実現できるのか。これを農場のみんなで日々研究している。

ただし、僕たちにとっては、栄養価コンテストでの優勝が目的ではない。普段使いの野

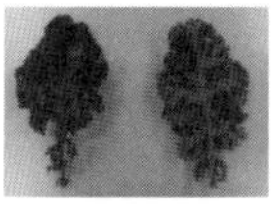

分析担当者 : 森
ID : 181210000N021-1/2*

分析結果報告書

サンプル名: レッドケール
サンプル到着日: 2018年11月29日

	分析結果	DB平均値 ※1 (カリーノケール/緑/2015～2018年)	食品成分表値 ※2	備考
Brix糖度 (%)	14.3	**8.1**	-	光合成の指標
抗酸化力 《植物ストレス耐性》 (mg TE /100g)	534	**159**	-	DPPH法 窒素代謝(同化)や糖代謝の指標
ビタミンC (mg/100g)	156	**101**	81	糖代謝の指標
硝酸イオン (mg/kg)	662	**3,960**	2,000	窒素代謝(同化)の指標
食味評価	5 嗜好型(1～5)	甘味:0　旨味:1　苦味:-1　えぐみ:-1　食感:1 分析型(0を基準として-2～+2の五段階評価)		

※1 DBはデリカフーズグループ保有のデータベースを指します。
平均値算出に用いた数: 12検体
※2 日本食品標準成分表 2015年度版(七訂) ≪ケール/葉/生≫ 参照

野菜の健康診断スコア

(4項目をポイント換算し、グラフ化しています)

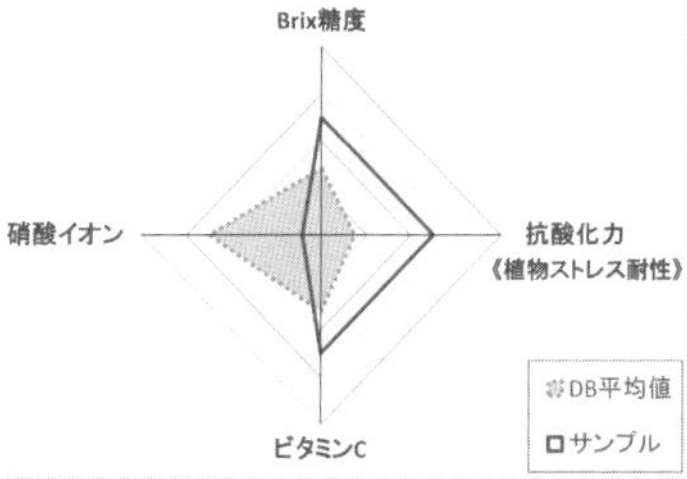

【総評コメント】

DB平均値(カリーノケール/緑)と比較すると、Brix糖度は約1.8倍、抗酸化力〈植物ストレス耐性力〉は約3.4倍、ビタミンC含量は約1.5倍の非常に高い値となりました。
硝酸イオン含量については、平均値の約2割の低い値でした。

食味については、花のような良い香りがあり、しっかりとした歯応えで、苦味や青臭さは殆ど無くて食べやすく、旨味が強く、芯はハーブのような風味で非常に美味しいという評価でした。

全体を通して大変良い結果となりました。

菜をお客さんが「おいしい！」と思ってくださることが目的だ。

この野菜を食べているとなんだか体調がいい、というお声をいただくとさらに嬉しい。野菜嫌いの子が驚くほど食べてしまった、なんてコメントをいただくと、天にも昇る気持ちになる。

のらくら農場では、春菊が味に自信がある野菜の一つだが、春菊においては、硝酸イオンは下げすぎないほうがおいしいなど、作物によって目指すべきゴールが違うことがわかってきた。ここが奥深くてとてつもなくおもしろい。

のらくら農場では、化学合成した農薬は使用していないが、なんの作戦もなく、「ただ使わない」だけでは、作物は全滅してしまう。

たとえば、ジャガイモにはそうか病という恐ろしい病気がある。通常の野菜栽培では、良質の堆肥に含まれる放線菌という菌が素晴らしい味方となって、栽培の成功に寄与する。ところが、ジャガイモのそうか病菌は放線菌の仲間なので、この良質の堆肥はジャガイモにとっては悪質になってしまう。そこで、ある乳酸菌で米ぬかを発酵させ、その発酵肥料とジャガイモに合ったミネラルのバランスを整えると、化学農薬ほどの効能ではないが、そうか病を抑え込むことができる。この乳酸菌は嫌気性菌なので、空気を嫌う。できれば光も避けたいところ。麹菌のように発酵途中に、自分で発酵熱を出さないくせに、外からは温めてほしいわがままな子だ。

それを実現するにはどうするか。種菌の乳酸菌を拡大培養して米ぬかに混ぜ、黒いポリ袋に入れて空気を抜いて、ハウスに入れておく。これで、この菌が繁殖する条件「空気がない、遮光、温める」を満たし、1ヶ月もすると酸度が下がって酸っぱい香りの発酵肥料ができあがる。ジャガイモの特性、菌の特性を理解すれば、ホームセンターで売っている資材で実現できる。

2020年オーガニック・エコフェスタ栄養価コンテスト受賞時。代表理事の小祝政明氏と。

これはジャガイモだけの作戦なので、50品目の野菜すべてでやり方が変わってくる。ときには納豆菌、ときには酵母菌と、目的によって菌を使い分けていく。堆肥の発酵が元気がないなと思ったら、納豆菌と酵母菌を入れて攪拌すると、一気に発酵が進み、味噌や醤油のような香りがしてくる。

僕たちの日々の仕事は地味なものだ。土埃にまみれて肥料散布する。この肥料散布作業が終わった畑を見て、「今日は、育つ野菜の抗酸化力やビタミンCを仕込んだ」と思えるようになり、化学変化が頭の中にブワ〜と浮かぶようになってきたら、スタッフとしては一人前だ。こうなると、仲間の会話に入っていけるようになる。ここから農業のおもしろさが存分に味わえる段階に入ってくる。

農業は体力も使うが、頭脳戦の知的産業だと思う。この頭脳戦の世界をぜひ覗いてみてほしい。

2 土作りを可視化する

自分の日々の仕事の結果を数値化するというのは、僕にとってとてつもなく大切な経験だった。数値は冷酷。言い訳を許してくれない。

土壌分析というのは、医療で言えば、血液検査などの**現在の状態の数値化**である。西洋医学的な手法だ。農家さんで土壌分析を分析機関にお願いしている人はいる。その返ってきた数値を、ふ〜んと眺めて、机の引き出しにしまってしまう。そして、今年も特に昨年と変わらない肥料を撒く、というパターンも少なくない。

土壌分析の結果というのは、土の成績表ではない。

たとえば、会心の野菜ができたとする。ミネラルの欠乏もなく、最後までよくできた。作物のミネラルがバランスよく豊富ということは、土のミネラルが作物にバランスよく豊富に移行したことを意味する。結果、作物がよくできたあとの土は、ミネラルが著しく減っている。考えれば当然のことだ。

土壌分析の結果、鉄分が豊富に残っているとする。そこで「やったー、うちの土は鉄分がたくさんあるぞ。うちの野菜は鉄分豊富だ」と捉えるのは少しずれていることになる。と言うのも、野菜に鉄分が多かったら、他から入らない限り、土のミネラルは減少しているはずだ。土壌に鉄資材を入れていないし、水利からの流入などが考えられない場合、土の鉄分がまったく減っていなければ、「バランスが悪く、作物が鉄分を吸収できないがゆえに、土に残留し続けている」という可能性が考えられる。これが、分析の結果が土の成績表ではないという理由だ。

分析の結果は、いわば、これから描くキャンバスのようなもの。前作の作物の状態を知っているのは、分析機関ではなく、生産者に他ならない。出てきた数値に、どんなストーリーがあったのかを推測できるのは生産者だけなのだ。つまり、**データの解釈権は究極のところ、生産者だけにある。**

土壌分析と並んでのらくら農場で重要なのが作物の生育診断。医療で言うと、患者さんの目や手の平、顔色、お腹の硬さ、声などを観察して、病名と対処法を抽出していく、望診、

ミニトマトの生育診断を共有する。

見つけた公式

西洋医学的視点＋東洋医学的視点＝土壌分析＋生育診断

触診のようなもの。東洋医学的な視点だ。農場では、葉の色、硬さ、角度、実の具合などを見て、ミネラルの有無、窒素の必要量などを診断していく。キュウリなら、巻ひげの角度でお腹が空いているかどうかがわかる。ズッキーニは品種によるが、葉の角度で空腹度合いがわかる。ミネラルに関しては、ここを見れば鉄分が、マンガンが、マグネシウムの有無がわかるというポイントがある。

各作物10くらいのポイントがあるとすると、50品目作っているのらくら農場では、500くらい押さえるべきポイントがあるということだ。すべてを理解しているわけではないが、毎年、この500を潰していっている。

3 文系出身、元素記号で考えてみる

のらくら農場では栽培のことを話すとき、よく元素記号を用いる。僕も含めて農場メンバーで理系出身はほぼいない。化学式なんてなんのことやら、と思っていたのだが、驚くことに元素記号で表わしたほうが圧倒的にわかりやすいことに気づいてきた。

生活の中の身近なものを、元素記号で表わす――小祝さんの講義で、左ページの表を見たときの衝撃たるや。

ショ糖は、ここではお砂糖と思ってほしい。ブドウ糖は、入院したときに点滴で打たれる栄養剤。クエン酸は疲れたときに効く梅干しに入っているやつ。ビタミンCはご存じのとおり。酢酸はお酢。この表を見て、何かお気づきにならないだろうか。お砂糖も、点滴で打つブドウ糖も、クエン酸も、ビタミンCも、同じC（炭素）、H（水素）、O（酸素）

という原子の組み合わせであるということ。そこにくっついてる数字が違うだけ。

このCHOの正体を探ってみる。これは炭素と水素と酸素が結びついたもの。水素はほうっておくと爆発するので、安定資材として酸素が仲介役のようにある。炭素と水素が結びついたので、炭水化物と呼ばれる。知識としては知っていたが、実感として僕はわかっていなかった。


次に、記号の横についている数字。何か法則性を感じないでしょうか。上に行くほど甘い感じがある。そして上に行くほど数字が大きい。大きい数字を高分子なんて呼ぶ。

ここに、甘い野菜を作る秘密が隠されている。高分子を作るには、たくさんの素材としてのCHOが必要になる。CHOが少ないと途中止まりになるので、酸っぱいトマトのでき上がりになる。

実は、植物はこのCHOを、肥料をやらずとも作っている。植物は二酸化炭素を呼吸で吸って、水を根から吸収している。二酸化炭素はCO_2。水はH_2O。この二つが合わさるとCH

ショ糖	$C_{12}H_{22}O_{11}$
ブドウ糖	$C_6H_{12}O_6$
クエン酸	$C_6H_8O_7$
ビタミンC	$C_6H_8O_6$
酢酸	$C_2H_4O_2$
センイ	ブドウ糖が2000～4000分子結合したもの

Oが作られる。この合わさる仕事は誰のおかげかと言うと、お日様。太陽の光エネルギーによって合体する。光を浴びて合成できるので、光合成と言う。

おもしろいのが、植物繊維はブドウ糖がガシャガシャガシャと（実際にはそんな音はしない）分子結合したものだ。センイと言うと、農業での代表格は稲藁。牛やヤギが藁を食べてエネルギーを作れるのは、胃腸の中に、センイをブドウ糖に変える酵素を持っているから。人間で言えば、ずっとブドウ糖の点滴を打っていられるようなもんです。だから牛やヤギは、ベジタリアンでも生きていける。

水と二酸化炭素があれば、とりあえずCHOを生み出せることはわかった。では、肥料なしでもいけるのか。問題はその量にある。

下の表と最初の表との差はどこか？　数字がムチャクチャ大きくないだろうか。ショ糖よりもさらに上。超高分子といったところです。つまり、作り出すのが難しい。よりたくさんの素材が必要だということ。

そして、このビタミンA、D、Eのところでもう一つ気づくのが、Oの数が少ないということ。

ビタミンA	$C_{20}H_{30}O$
ビタミンD	$C_{28}H_{44}O$
ビタミンE	$C_{29}H_{50}O_2$

これらの栄養素が体内に入ると、体内の活性酸素と結びついて排出する働きがある。体内に酸素はとても必要なものだが、活性酸素が多すぎると、細胞の老化やガンの発生などの原因になるとされている。この活性酸素を抑える働きがあるものを、抗酸化物質と言う。どこかで聞いたことありますかね。

畑でこの抗酸化物質の材料を仕込んでいくのが、今ののらくら農場の研究テーマの一つである。

テーマは一つではない。

各種ミネラルの働きは作物と人間に似たような恩恵をもたらしてくれる。トマトの花房の股を作るのが亜鉛というミネラルだそうだ。花がたくさんつくと、実がたくさん成る。実がたくさん成ると種がたくさんできる。種がたくさんできるということは、子孫がたくさんできるということ。人間でも、亜鉛が欠乏すると、男性の精子の数が減少すると言われている。そういった場合には病院で亜鉛剤を処方されると思う。

鉄というミネラルで思いつくのが、人間の血だろうか。鉄分が少ないと血が薄くなると

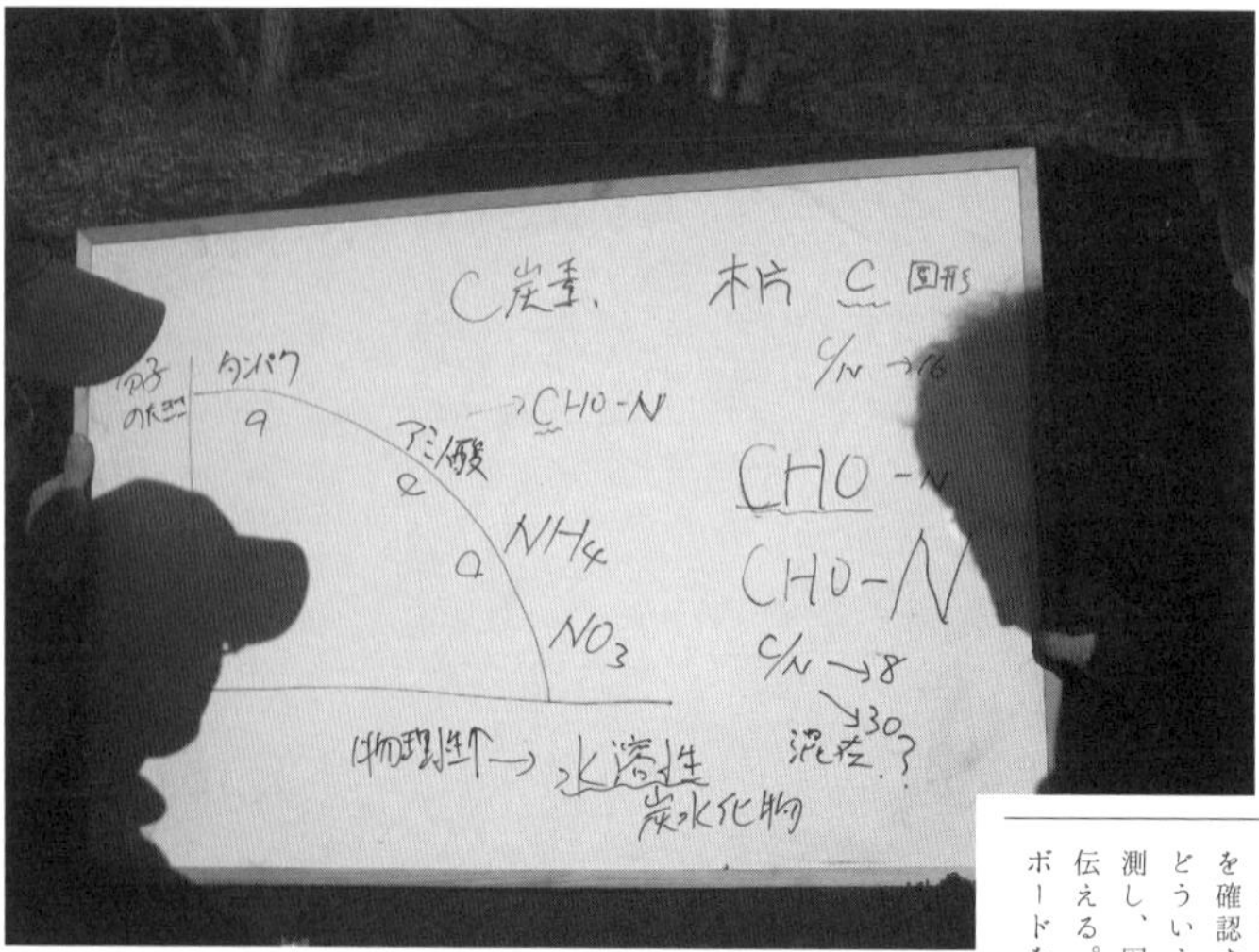

新しい堆肥が来た日。成分分析値や原材料の資料を参考に、匂いや手触りを確認する。この堆肥がどういう性質なのかを予測し、図解でスタッフに伝える。堆肥にホワイトボードを突き刺して。

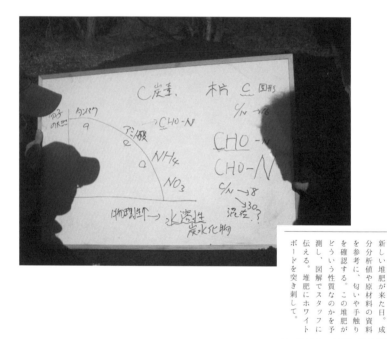

言う。鉄は赤血球の働きに影響を与える。赤血球は酸素を運ぶ働きをする。

植物ではどうか。同じように、酸素の運搬に関係する。鉄があると、無酸素の地中深くに根を張り、酸素を送り届ける力がある。

畑で、鉄をきちんと適量処方した区域と、鉄欠乏のままの区域に分けてズッキーニの栽培実験をしてみたことがある。雨が少ない干ばつ期に入ると、鉄がない区域は葉がしおれ、実がつかなくなった。鉄を処方した畑では、葉が天を仰いでいる。この結果には僕も驚いた。結局、水は必要になるのだが、干ばつに耐える力は圧倒的に鉄を処方したほうが上だった。

これに加えて、菌の世界がある。菌がうまく働いてくれないと、炭水化物もミネラルもうまく機能することができない。

見つけた公式

CHO＋ミネラル＋菌＝作物を健康に作る鍵＝人の健康の鍵

4 菌にできること、できないこと

僕が就農した頃、菌を使う農法の本がたくさん出ていた。今でも結構あるかもしれない。ナントカ菌を入れると、とんでもなく作物がよく育つとか、夢のようなことが書いてあった。自然農なんてものもあるんだ。なんにも入れないで作物ができるんなら、一番いいじゃん！　なんで農家はこのやり方をやらないんだ！　いったいどんなやり方を選んだらいいのか、途方に暮れた。小祝さんの講義や、自分の畑での実験を繰り返しているうちに、整理されてきた。

CHO　炭水化物

この代表選手は、ご飯、お米。お米という原料を、菌の力でいろいろなものに変えることができる。蒸したお米に麹菌をまぶして発酵させる。でき上がった麹に水を加えて一定の温度で加熱すると甘酒ができる。甘いです。

ショ糖　$C_{12}H_{22}O_{11}$
ブドウ糖　$C_6H_{12}O_6$

こんなんできました。酢酸菌で仕込むとどうなるか。お酢ができる。

酢酸　$C_2H_4O_2$　これです。

お米を麹と合わせて糖化させて、酵母を入れると、糖を餌に発酵し、できるものは……。お酒。アルコール（エタノール）。

エタノール　C_2H_6O

この変化からわかることは、菌はお米という原料を甘酒にしたり、お酢にしたり、お酒にしたりできるということ。それはつまり、分子の数を変えることができるということ。

　これ、畑で、超使える。これを知ってから、土の中で化学反応をさせて、炭水化物を意図的に変化させる技術を身につけることができた。味が格段に上がった。


　この変化を見てもう一つわかることがある。菌によって分子構成が変わるが、菌がどんなにがんばっても突然、鉄（Fe）が生まれてきたりはしない。カルシウム（Ca）が生まれてくることもない。**菌は土に存在する元素の組み合わせを変化させることはできるが、ない元素を生み出すことはできない。**菌は錬金術師ではないということ。

　当たり前だろう、と突っ込まれそうだが、意外と農業の世界では当たり前ではなかったりする。今なお、菌資材の○○菌を入れて、ミネラルは設計しない。あるいは、自家培養の菌を入れるが、外からの肥料を入れない主義なのでミネラルは入れない。だけど、ミネラルたっぷりの野菜です、と宣伝されたものが出回ることがある。菌は、溶けにくくなっ

桑の実から酵母を拡大培養し、液体肥料を作ることもある。

ている土のミネラルを溶かす力はあるが、存在しないものを生み出すことはできない。

先にも書いたが、ミネラルを豊富に含んだ野菜ができたということは、土のミネラルが作物に移行したことを示す。作物を出荷して外に持ち出せば、土のミネラルは必ず減っていく。土壌分析を続けていくと、その変化を痛感した。ミネラルだけは、足りない分を補ってあげないと、健全な作物が作れないことがわかってきた。

「うちはなんのミネラルも入れていないのに、よくできているよ」というケースでは、その地域の水路と地下水の水質がどうなっているか知りたいところだ。べつに人が散布しなくても、水に溶け込んだ形でもいい。ただし、どの作物にもバランスがいい水質というのはなかなか存在しないものだとは思うが。

ミネラルバランスは作物によってまったく違うので、施肥設計は、畑によって、作物によって使う肥料の種類と量をすべて変える必要がある。のらくら農場では、年間に80くらいの施肥設計シートを作ることになる。

見つけた公式

菌≠錬金術師

5 作物を主語とする

のらくら農場では、「作物を主語とする」という合言葉がある。

農業をはじめた頃、どえらい失敗を繰り返した。あるとき、インゲンの窒素が切れてきたので、追肥をした。人間と違って作物には歯がないので、基本、液体でしか肥料を吸収できない。雨前を狙って、追肥のタイミングはドンピシャだった。うまくいったと思ったのに、いまいち肥料が効いていない。もうちょっと必要かと思って、また追肥。雨が降った。数日後、ポツっとインゲンに赤い斑点ができて、それが5日ほどで全体に広がり全滅した。タンソ病という病気だった。

なぜこんなことが起きたかというと、最初の追肥をしたとき、雨の量が少なくて肥料が溶け切っていなかったからだ。ここは尾根が複数存在する中山間地。自宅で雨がたくさん降っていても、一つ尾根を挟んで違う沢になると、雨が弱いことも多々ある。肥料が溶けて作物が吸収できたのかをよく確認せずに次の追肥をしたものだから、次の雨で2倍の肥料が効いて、一気に病気になってしまった。

有機栽培の場合、化学合成農薬を使わない分、ストライクゾーンが狭い。ゆえに高度なマネジメントが要求されることを痛感した。

ジャガイモの追肥シーン。雨不足がひどく、この日しかチャンスがなかった。なんとか間に合った。

そこで、作物を主語にしよう、と決めてみた。

そう決めたらいろいろ見えてきた。「水ってH_2Oだから、センイとかを作る炭水化物CHOの重要な構成要素だ。あれ？二酸化炭素CO_2も構成要素だ。ということは……、水も二酸化炭素も作物からしたら肥料じゃん！」

太陽熱を使い、土の中での有機物やミネラルの化学反応を促す。

この考えでいくと、「無肥料栽培」というものは存在しないことになる。作物を主語とすれば、水も二酸化炭素もない、作物がまったく育たない環境ということになるからだ。

「無施肥」はありうる。「肥料を施さない」と書くので、これは施肥する側の人間を主語とする視点になる。人が施さなくとも、水路から、あるいは毛管現象で地下から養分が上がってくる可能性まで細かく分解して考えることが大切になる。

作物を主語にして考えてみると、収穫する僕たちとミッションが違うことが見えてくる。

そもそもインゲンのミッションは、「早いとこ子孫を残す」だ。早く豆を膨らませて、子孫形成を望む。窒素という、植物にとっては主食のような栄養素が切れると、危機を感じて、早く子孫を残さねばというスイッチが入って、豆の形成に入る。そうなると、人間からすると、いわゆる過熟の状態になってしまい、出荷できなくなってしまう。

なので、窒素やミネラルを追加であげていって（追肥）危機を感じさせないようにしていく。

毎日の収穫で採り忘れがあると、その実はどんどん過熟になっていき、インゲンからすると、「子孫を残したのでミッション終了」となり、樹が枯れはじめる。

僕たち人間の収穫と追肥の行為は、インゲンやスナップエンドウに「まだお若いですよ」と勘違いさせ続ける作業とも言える。

つまり、収穫のときの採り逃しは、早く樹を枯らしてしまうことになる。毎日の小さな注意の積み重ねが、長く採れ続けさせる重要な要素となる。

見つけた公式

作物を主語とする＝肥料の概念を考え直す

6 多品目栽培だから見つかったカテゴリー

作物の区分けに「科」というものがある。小松菜、水菜、カブ、大根などはアブラナ科。とう立ちすると、みんなアブラナのきれいな花を咲かせる。いわゆる菜の花だ。ピーマンやトマト、ナス、ジャガイモはナス科。キュウリ、ズッキーニ、カボチャなどはウリ科。こういう区分けももちろん参考にしているが、のらくら農場では、これとは別の区分けがある。

たとえば、レタスで言えば、サニーレタスのような結球しないタイプは、結球するタイプとはちょっと別物で、小松菜やホウレン草のような施肥設計になる。

一つ、もしくは数品に絞って栽培している篤農家と言われる農家さんは、作物の専門知識が素晴らしく、観察眼も多品目の僕ではとてもかなわない。

じゃあ、50種類以上も栽培している、面倒くささのデメリットしかないような、うちの

ケールはアブラナ科だが、栽培する上ではトマトやナスと同じ「果菜類」に区分けしている。

ような農家の強みはなんだろう。それは、**他の作物の特性と照らし合わせて、共通項や違いを見出すチャンスがあること。**

はじめてケールを栽培したときは特に役に立った。グリーンケールとレッドケールの2種類を栽培した。

ケールは「科」で言うとキャベツの仲間だが、うちではトマトやナスと同じ「果菜類」に区分けしている。ケールはトマトやナスと同様に次々に摘み取るタイプの野菜だからだ。

そして、長く強い芯を作るためには、ブロッコリーの要求ミネラルに近い設計をする。初期の葉を大きく作ることができると、光合成能力が常に高い、栽培の好循環に入れることがわかり、やはりキャベツの初期の勢いも必要だと気づいた。さらに、窒素が切れてくると、しそのような葉脈の形に変化する。ここでお腹が空いているのかが判断できる。

こうして、グリーンケールは、「果菜類＋ブロッコリー＋キャベツ＋しそ」となる。

でもレッドケールは、しそのような葉脈の変化はない。あまり形に反応が出ない、ぽーっとした子だ。ケール担当のスタッフから「萩原さん、まったく反応がでなくて追肥効果が確認できなくて」と聞いて、一緒に収穫に入ったら、「おっと、変化あり」。ヒントを見つけた。それは、葉の柔らかさの変化だった。春菊の摘み取り型栽培をする場合の変化に近い。

こうして、レッドケールは「果菜類＋ブロッコリー＋キャベツ＋摘み取り型春菊」となった。

作物ごとの共通点に着目し、うまく育てる方法を日々見つけている。

見つけた公式

作物のカテゴリー＝科……だけでもない

7 作物の要求を満たすための「結果スピード」

複数人で仕事を進める上で、どうしても人によって作業のスピードに差が出てしまう。作業のコツや手順も形式知化する必要に迫られてきた。

「作物に寄り添う」という言葉が、農業ではよく使われる。寄り添うと聞くと、なんだかほんわかした感じで、作物のそばでゆっくりと話しかける姿をイメージしそうだが、寄り添うために欠かせないのがなんと言ってもスピードだ。

干ばつが続く中、ワンチャンスの雨をものにして、どれだけ追肥できるか。逆に雨が続く中、わずかな晴れ間に肥料散布作業ができるか。

作物が健全に育つよう、僕ら生産者は作物を主人公として、徹底的に脇役を演じる。

畑に出る時間を増やすために、収穫、小分け、出荷などのスピードも速める。そして、

作物の「今、ここ！」という要求を満たせるようにする。

ただし、わざと遅くやろうなんて人はめったにいない。やろうと思っているけど速くできない、という状態が一番多い。速くできない人に「速くやれ」と言い続けるのは結構酷なものだ。では、**「速くやれ」という言葉を用いないで、どうやってチーム全体のスピードを上げていくか。**

スタッフと話し合う中で、**「結果スピード」**という言葉を使うようになった。

あえて「結果」とつけた理由がある。作業スピードが遅いわけではないのに、結局間に合わなかった、という人がいる。能力はすごいのに、なんでだろうと考えると、「急いでやる」ことに意識が向き過ぎて、「間に合わせる」ための作戦がゆるいことがわかった。なので、結果的に間に合わせるのがプロ、という意識を持ってもらうために「結果スピード」という名前にした。

結果スピードの構成要素は次のとおりだ。

①準備

その作業をやるのにどの道具か必要なのか、何人必要なのか、最初に先頭きって、畑に行かなければならないのは誰なのか。作業を効率よく進めるには準備が必要だ。まず、作業のボトルネックを意識する。たとえば、一つしかない機械を作業に入れなければならないときには、「機械の移動」が先にくる。補充する燃料や万一のための工具セットも合わせて持っていく。第二陣は次に必要な道具と適正人数を把握して、畑に向かう。

②手

主役はこれ。やっぱり手の速さは必要だが、素早く動かすというのも人によっては限度がある。左手で苗を持って、右手で苗を植えるとき、主役の右手ばかりに意識が向きやすいが、苗を持っている左手を植え床の近いところに位置させると、右手の往復の距離が縮まって速く植えられる。こんな、左手の上手な使い方もある。

③足

作業が速い人は、たいてい移動の足も速い。道具や資材を運ぶ足も速い。そして移動しながら畑や作業場全体を見渡して、次に移動すべき場所を確認している。以前、作業中に下を見ながらゆっくりトボトボと歩く人がいた。まったく畑を見ることなく歩くので、その間、次にどう動いたらいいのかを考えることができない。ゆえにスリーテンポくらい遅れる。作業テンポが他の人とまったく噛み合わず、他のメンバーが疲れ切ってしまうということがあった。足と目を連動させるのはとても重要だ。

④目

目もかなり重要な要素だ。作業が速い人は、次の作業への視線の移行が速い。収穫にちょうどよいナスの実を見つける。手を伸ばしてハサミを入れようとする。そのときには、今まさにハサミを入れようとしているナスをじっと見つめている必要はなく、視線は次のナスを探している。手と目がバラバラに動くようになったら、スピードは間違いなく上がる。

⑤ヌキ

これは最近になって気づいた要因。非常に真面目で、身体能力もある若い男子スタッフが、なんだかどの作業も時間がかかるのだ。準備、手、足、目、どれも抜かりはない。本人も気にしていて、なんだろうねと2人で考えてみ

カボチャの植え付け。わずかな天候チャンスを活かせるかどうかは、作業スピードにかかっている。座るのがもどかしくて、立ったまま足をクロスして横に移動する。見た目、気持ち悪い動きになることも。

た。気づいたのが、真面目さから、慎重になりすぎることだった。「もしかしたらさ、ヌキが足りないんじゃないかな」。これは手抜きという意味ではなく、仕事の質を維持したまま何をヌクことができるのかを考えること。根が張る領域が広いカボチャなどは、時間をかけて超厳密に肥料散布するよりも、「スピード感を持ってざっくりと平均的に散布」するほうが、費用対効果が高い。

これを指摘したときの彼の晴れやかな顔はとてもよかった。「僕、そんなに身体能力とか劣っていると思えないのに、なんだか遅いということがずっとあったんです。やっと理解できた気がします」。このあとの彼は、持ち合わせている真面目さを、点検を怠らないという素晴らしい能力に昇華しつつ、僕もかなわないくらいのスピードで畑を舞っている。

スピードの構成要素は他にもあると思う。ここで僕が言いたいのは、**要因を一度バラバラに分解して原因を特定すると、引っかかっているものがなんなのか、本人が気づく**ことができるということだ。「速くやれ」よりもずっと近道なのです。

見つけた公式

作物に寄り添う＝結果スピード
＝準備＋手＋足＋目＋ヌキ

8 1反を3・5日で終わらせるための作業管理

1反というのは、農業でよく出てくる単位で、約300坪。前の章にも書いたように、イコール約1000㎡になる。20メートル×50メートルのプールを思い浮かべていただくと、なんとなく規模感が伝わるだろうか。

カボチャなどあまり手がかからない作物も少しはやっているが、どちらかというと、インゲンやスナップエンドウなどの手がかかる作物が多い農場だ。しかも佐久穂町は北八ヶ岳に位置する標高の高い地域で、冬はマイナス15℃を下回ることもある。当然、畑を使える期間は短い。一反の畑に向かい合える時間は、3・5日くらいしかない。この3・5日の中に、施肥、耕耘、播種、育苗、草管理、手入れ、追肥、さらには片づけなどの農作業が含まれるのはもちろん、経理、事務、スタッフの休みも含まれる。

「とことん手をかけて育てました」と言いたいところだが、専業でやっていくには、そうも言っていられない。

制限がある中で最大の結果を生み出すことは、制限がない状態よりも、僕はおもしろいと思う。**「3・5日しか時間がかけられない」とチームで共有することで、「野菜の品質は落とさずに、どうこの一手を減らすことができるか」のアイデアが生まれる。**制限は新しい自由を作る力になる。

このスピードで回していくには、農閑期の1~2月に、365日の作業予定表を作る必要がある。1日単位で収穫から逆算して、「この日に何の作業をやるのか」をほぼ決めてしまう。もちろん天候によって作業がずれることはあるが、決めてしまうことで、何がどれくらい遅れているのか、進んでいるのかを見極めることができる。

のらくら農場の生産手段で譲れないのが、肥料を畑に仕込むタイミングだ。春などは一気に堆肥などを散布したいところだが、あまりにも長い期間、有機肥料を畑に入れておくと、分解され(有機が無機化される)、化成肥料と同じ成分になってしまう。

専門的になるが、作付けから逆算して、作物が分子の小さい有機体で吸収できるタイミングと資材を選択して作付けに臨む。この作業が農作業の中で一番大変。

月日	作物名	作業名	コメント
5/14	長イモ	誘引	芽だしした芽が黒マルチや黒い防草シートに触れると熱で焼けてしまうので、ネットに巻きつけて誘引する。長イモのツルは反時計まわりに巻きついていくので、反時計まわりで誘引する
5/14	スナップエンドウ	誘引	1作目、そろそろ茎押さえ作業。スズランテープにて高さの程度を毎年共有
5/14	春葉物	播種	ホウレン草5作目播種 水菜5作目播種
5/14	春大根	生育確認	防霜シート回収するかどうか判断

少しでも負担と作業時間を減らすためにいろいろな作戦を立てた。その一つが、リン酸資材だけは一気に散布してしまうというやり方だ。リン酸は、作物の茎葉《けいよう》を成長させるために重要なミネラルである。このミネラルの特徴は移動しにくいというもの。雨などで流亡しにくい特性があるので、作付けのかなり前から散布しても問題はない。

「これだけたくさんの品目を栽培して、作物は皆、要求肥料が違うのに、いったいどうやって施肥管理をしているのか想像もつかない」と農業者の方に聞かれることがある。それは、**一つの畑に要求肥料が似通っている「同一肥料帯作物」を集中させて、そこは一気に施肥してしまう**こと。作物によって若干の要求差があるが、施肥設計においてその差を埋める手立てはある。

のらくら農場は、多品目の特殊な形態なので、特に緻密だが、多かれ少なかれ、農家さんは結構な計画のもとに日々を過ごしている。ハイシーズンにおいては、今日、このタイミングでこの作業をしないと300万円くらい吹っ飛ぶ、という場面はよくある。だから、農家さんへのアポなし訪問は、厳禁。ちょっと落ち着いた時期に、前もって約束して訪ねてあげてほしい。

見つけた公式

1反＝3・5日

9 細かく作業予定を決めるからこそ変更できる

露地中心の栽培は、当然、雨や強風、土の乾きや湿り、日照や気温など不確定要素が多く、作業が計画どおりにピッタリ進むことは、なかなかない。それでもあえて作業予定を細かく一度決めてしまっている。

たとえば、佐久穂町は5月20日頃まで、霜が降りる可能性がある。その年によって違うので、春大根の防霜シートを剥がすタイミングは、前後の天気予報とそのときの大根の生育具合で判断するしかない。そこで、どうするか？ **「この日に防霜シートを回収する」ではなく、「回収するかどうか判断する」と書いておく。**そうすれば作業を忘れることがない。

発芽率は雨の直前のほうが高いので、種まきはできればそのタイミングを目指したい。播種の日程は前後2日くらいずれても、確実に天候のチャンスをものにする柔軟さがあっ

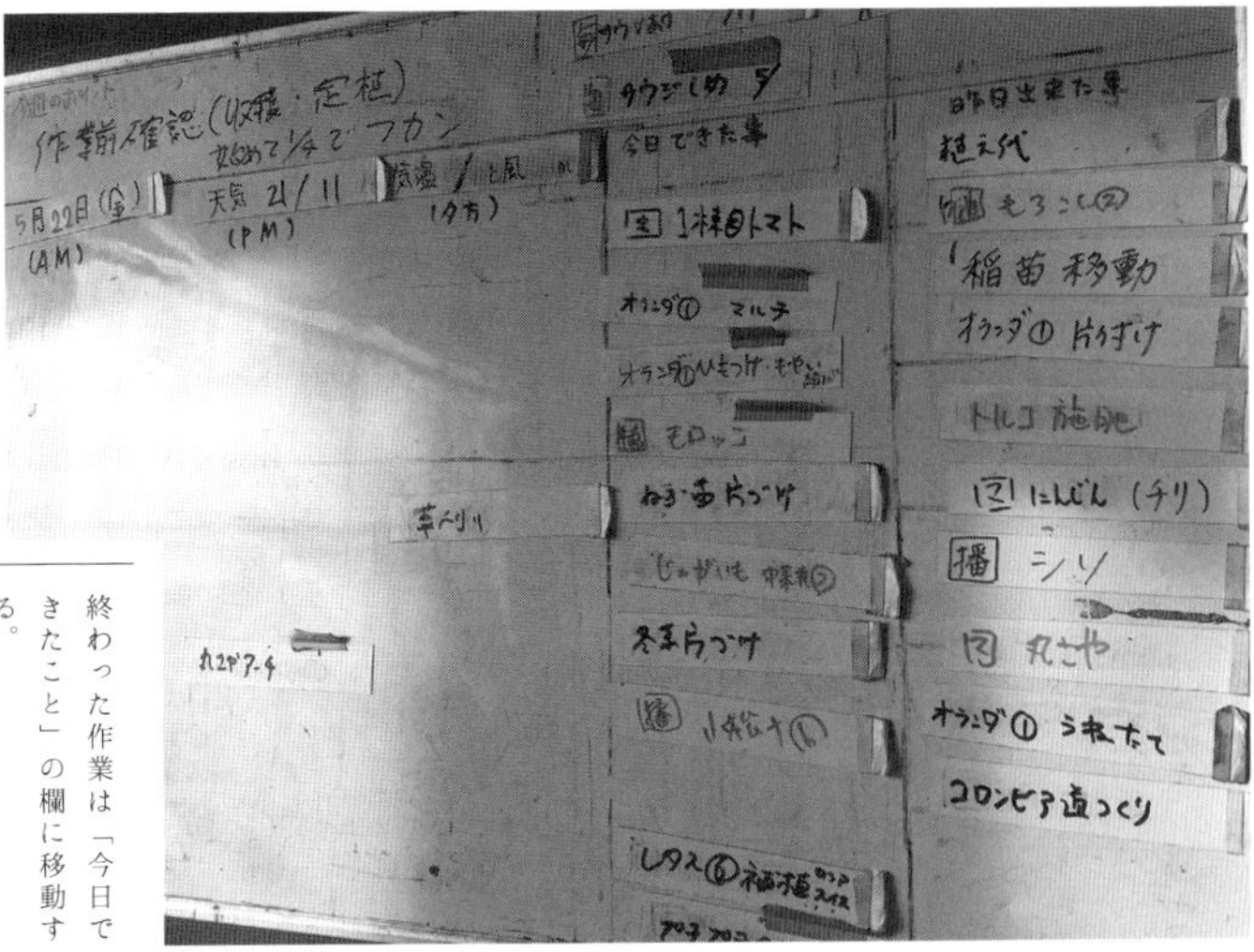

終わった作業は「今日できたこと」の欄に移動する。

たほうがうまくいく。

そのために、写真のようにホワイトボードに直近10日間の予定表をマグネットシールで貼り出しておく。このマグネットシールを詰将棋のようにパチパチと移動させて、優先順位を入れ替えていく。

作業予定表（164ページ）はエクセルで作成しているので、作業名の「施肥」でソートをかければ、年間の施肥作業の一覧表ができる。これを施肥班が把握する。「作物名」でソートをかければ、たとえばスナップエンドウの年間のすべての作業が把握できるようになっている。

ひとシーズン終えて、反省が山ほどたまる。

「大根の1作目の播種間隔はあと2センチ狭くてもいいのではないか」などを次年度の作業表に反映させていく。

ここまで細かく決めておいて、ちゃぶ台をひっくり返すようだが、**「この予定表を間違いなく遂行する」のを目標にしない。**

2020年、冬から新型コロナウイルスの影響で世の中がパニックになった。作った農産物が売れるかどうかわからない。種をまく時、一瞬「うっ」と躊躇する。肥料を散布するときも、「これ、売れるのか?」と動きが止まる。不安だらけだったが、「こんなときこそ食べ物を作らないでどうする!」と自分を奮い立たせ、全力で臨むことにした。

なかなかにきつい天候の連続だった。春に本当に雨が降らない。砂漠のように乾いていく土と格闘しつつ、なんとかシーズン前半の作付けはできた。ところが7月になると一転、雨が降らない日が2日しかなかった。戦後もっとも少ない日照ともっとも多い雨だったそうだ。土というものは濡れすぎている状態の中、トラクターで入ってしまうと、コンクリートのように固めてしまう。これでは、日本全国、7月に露地で作付けに入れる農家さんは本当に少ない。ということは、その結果が出る9月、10月に野菜が不足するのは目に見えていた。きっとお取引先もパニックになるのではと予想できた。さらに天候の厳しさは続き、8月は7月の反対で雨が降ったのがたった2回。それも夕立程度。

「秋作の作付けを大幅に変えよう」

春に超綿密に立てた秋冬作の作付けスケジュールを、一気に変更する決断をした。農業において、シーズン途中の変更は簡単ではない。たとえば作付けを増やせば、再検討しなければならないことがたくさんある。

まずは、どの作物が今から増やせるのかリストアップを募った。

「春菊いきましょう。味の信頼があるから増やさない手はないですよ」

「ミニ白菜ならまだ育苗間に合います」

「大根類もなんとかなると思います。カブとブロッコリーは増やしたら危ないな。出荷パニックになる」

「広茎水菜も面積そんなに取らないからいけるんじゃないかと」

次々に変更案が出てきた。

「カーリー、ユキルの育苗チームで苗土が足りるかの計算、育苗箱が育苗ハウスに入るかの計算、種の追加発注よろしく」

「露地播種班、農地が足りるのかの計算。直播きの種の在庫計算もお願い。タクヤン、マルチと肥料の在庫を調べておいてくれるかな。足りない分は今日にでも発注かける。タツさん、作業人数足りるかざっくり計算するからつき合って」

ここで役に立ったのが、普段からのらくら農場内で使っているBM（ブロックメーター）というオリジナルの概念だった。幅120センチの畝（作物を植え付ける植え床のこと）に、たとえば小松菜だったら6条種をまくとして、1メートルの長さでこの時期なら5キロ、春菊なら2キロの収穫ができるというデータをとっていた。大根やミニ白菜などの「個」や「本」という単位でも計算が成り立つようになっている。

「反」という面積の概念も使うが、計算のズレが出てきてしまう。時期によって防虫ネットをする場合としない場合で畝間の幅が変わってくるからだ。防虫ネットをしない場合は1反で650BMを確保できるが、ネットをする場合は550BMになる。僕がほしい情報は、残りの面積であとどれくらいのBMを確保できるかということだった。

これに加えて、中山間地は冬に向かって日が当たらない畑が増えてくる。さらに、このあたりは落葉針葉樹のカラマツの森だらけなので、11月には針葉樹の葉が野菜に降り注い

夕方の収穫に向けて、誰がどの畑に行くか作戦を立てる。

播種の状況について確認し合う。

でしまうので、それを避けるように作物を配置しなければならない。

言われたことをただやるだけのスタッフたちだったら、この変更はできなかったと思う。普段から近くの山の様子、太陽の軌道、地力、育苗や出荷のペースなどさまざまなことに考えを巡らせてきたメンバーだったから、一度立てた綿密なスケジュールでもいとも素早く変更することができた。

2020年の秋は天候不順を乗り越えて過去最大の作付けをすることができた。

綿密な作戦を立てる、綿密な作戦を理解する、ということは、重要な点がなんなのかを押さえておくことができるということだ。だから、変化もできる。

見つけた公式

綿密な栽培計画＝
必要な変化に対応できる思考の準備

食の基本は受け身

「今日はキュウリの〝はしり〟が採れたよ」と言って、キュウリが食卓にのぼる。今日、意思を持ってキュウリを食べるのだ、と決めていたわけでもなく、畑の観察に行ったら、5本くらい初採れのキュウリがあったから持ってきただけだったりする。

まかないも一緒で、「レタスが山ほど余っているから」とか、「傷がついてしまったジャガイモがたくさんあるから」という理由でメニューが決まる。

お気に入りの飲食店に行って楽しいのは、カウンターでシェフのおまかせコースを頼むとき。そのときの旬の、いい食材をわかっているのは僕よりもシェフなので、おまかせすると、とてもいい料理に出会える。このときの僕は、完全に受け身だ。

もちろん僕にも、「今日は餃子しか考えられない」というように、「これを食べるのだ！」と能動的に選ぶこともある。しかし、餃子の中身は、「そのときある野菜」になる。この部分は受け身になる。

野菜は貯蔵中も変化する。たとえば玉ネギは、段々と中で芽が形成されてくる。「玉ネギの芽が出てきたんですけど」というお悩みには、「気にしないでいいっすよ！」が僕の答えだ。

出てきた芽は刻んで薬味として召し上がってください。だけど、ジャガイモの芽はだめですよ。毒素がありますから。でも、芽が出たジャガイモは捨てないでくださいね。シワが寄ってきたくらいがおいしいですから。貯蔵中にデンプンが糖化してきて、あま～くなります。芽をくり抜いておいしく召し上がってください。

のらくら農場では「小さな畑セット」という野菜セットを販売しているが、この場合はお客さんが受け身になる。僕たち生産者が品目を選んで、セットしているからだ。自然の影響を受ける中で、僕たちがその時期に選んだ品目になっている。

餃子を作ろうと考えたときにキャベツがなければ、白菜でもいいし、小松菜でもいい。「季節の菜っ葉」と大雑把に捉えると、食べることをより楽しめるのではないだろうか。

台風や豪雨など、気候変動の問題がクローズアップされるようになってきた。その中でうまいことやっていく秘訣としても、食に対しては基本的に受け身でいることを僕はお勧めする。

第4章

のらくら農場
チームビルディングの公式

一緒に問題解決する仲間になるために

1 誰にでもできる仕事に、誰も来ない

人材募集のサイトに載せるとき、うちが書けないフレーズがある。それは、「誰にでもできる簡単な仕事です」というものだ。栽培している作物の数が多く、取引先も多岐にわたる。作物の担当になると、生育診断ができるようになる必要があるし、植物生理や土壌のメカニズムも理解しなければならない。ミネラルの拮抗作用や、相乗作用なども勉強する。通年スタッフになると、土壌分析や各種資料の作成もある。キャブレターのつまりの解消といった簡単な機械の修繕もやる。ときには邪魔な木を伐採する。籾殻を炭に焼く仕事もある。取引先と出荷の打ち合わせをすることもある。

ここは学校ではない。職場なので、限られた時間で仕事を吸収していくしかない。希望があると、夜に勉強会をすることもある。2018年は熱いメンバーが多く、数回勉強会をした。2019年も熱心な人が多く、全4回にわたって勉強会をやった。

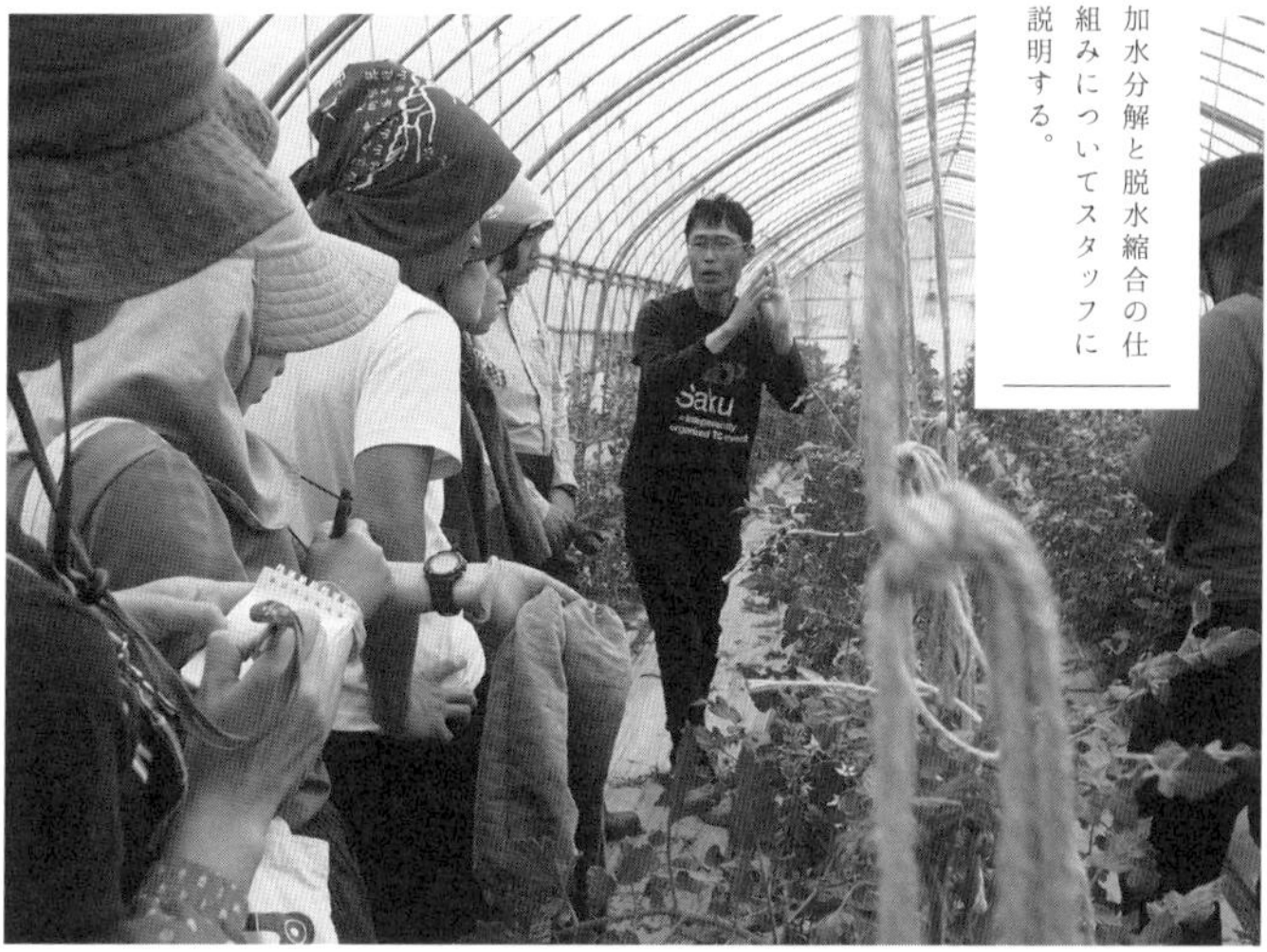

加水分解と脱水縮合の仕組みについてスタッフに説明する。

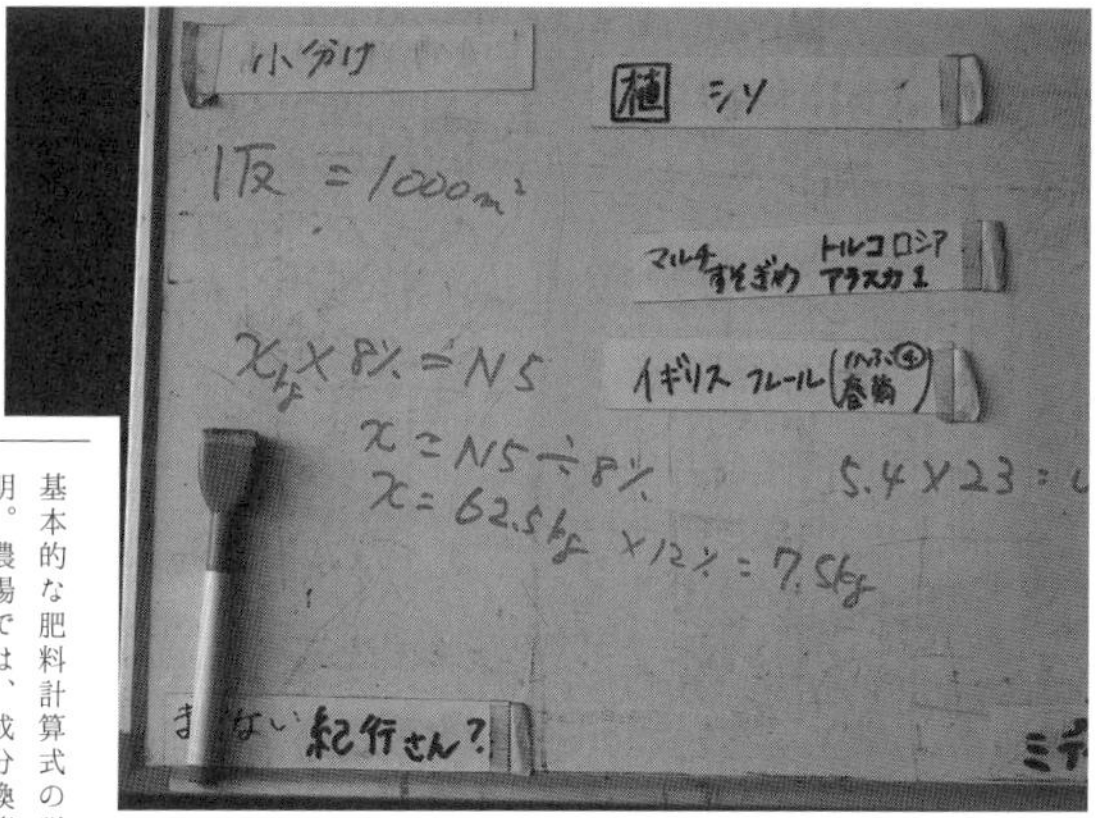

基本的な肥料計算式の説明。農場では、成分換算で指示が出される。

「百姓とは百の仕事をするもの」とはよく言ったもので、本当に100の仕事がある。誰にでもできる簡単な仕事もあるし、勉強しなければできない仕事もたくさんある。

嘘をつくわけにはいかないので、募集サイトには「複雑で覚えることがたくさんあります」と書くしかない。ところが、そう書いたほうが、向上心のある人が来てくれるようになった。

経営者としては、仕事を単純化して、それこそ誰が来ても代替可能な仕事を組み上げていくほうが効率はいい。でもそれだけでは「学び」の要素が少なくなる分、人によっては「つまらなさ」と紙一重になる。

それならいっそのこと、**難易度の高い仕事を提供していったほうが、学びの意欲がある人が来てくれるのではないか**と気づいた。

昨日できなかったことが、今日できるようになる。人にとってこれは嬉しいものだ。

そう気づいてから、スタッフに任せる仕事が増えていき、農場全体でこなせる仕事量も増えていった。

見つけた公式

農業に人材を呼び込む ≠ 誰にでもできる簡単な仕事

2 怒ることを禁止してみた

複雑な業務をみんなでこなしていくのは、簡単なことではない。コミュニケーションを円滑にするために、いくつかのルールが自然と生まれた。

まず、農場の基本的な約束事がこれ。怒鳴る・キレる禁止のルール。基本的に怒っちゃだめ。このミッションは簡単ではない。それは、怒るのを我慢するのとはノットイコールだからだ。おかしい、よくない、あの人苦手など、不満が生じないことなどない。我慢はときに必要だが、ただ我慢し続けるのではなく、不満を解決する力を身につけなければならない。怒ること禁止のルールは、ただ穏やかな空気に浸るのとはわけが違うので、とっても難しいですよ〜と新人さんには最初にいつも言っておく。

自分で何がその不満を生み出しているのかを探り当てる「特定力」。それをどうやって

解決に導いていったらいいのかを考える「解決力」。自分の手に負えないと思ったときに、誰かに相談する「相談力」。多くの力がなければできない重要ミッションだ。

経営者仲間のAさんに相談されたことがあった。

「うちのスタッフがさ、よくミスするんだよ。まあミスは仕方ないとして、それを隠してしまうんだよ。これには本当に参ってる」。僕は答えました。「そりゃそうだよ。だって、Aさん、たまにだろうけど怒るもん。男が本気で怒ったら、女性からしたら怖いと思うよ」「でも、ほんとにたまにだよ」「たまにだって怒鳴られたほうからしたら、ずっと残っているもんだって」

そんな僕も、偉そうなことは言えない。主将をやっていた大学の部活では怒鳴ったこともあり、今でも後悔と懺悔の気持ちがうずいている。ほんとにごめん。

僕が入っていたのは、テントを持って日本中を歩き回る、冒険部のような部活だった。体育会系で、上下関係も厳しい。当時はなかなか人気があって、40人くらい部員がいた。

僕の一代前の主将に、松尾さんという人がいた。ポッチャリ体型で、お笑いに出てきそうな人だった。部員は愛情を持って「歴代最高のバカ主将」と呼んでいた。

「お前ら明日の集合、絶対に遅刻すんなよ。1分でも遅れたら置いていく」と言っておいて、当の本人が来ない。しばらくして駅の柱の陰から、「ご、ごめん」と出てくる。「も～、松尾先輩～」と合宿は爆笑からはじまる。どこか抜けた人だった。

僕は、松尾さんの次の主将になった。40人を率いなければならないという勘違いによるプレッシャーと、松尾さんを反面教師にしたこともあって（松尾さんごめんなさい）、隙を見せないように振る舞っていた。遅刻は絶対にしない。合宿では20キロ以上の荷物を背負って毎日25キロくらい歩くのだが、あまり疲れた顔を見せないようにする。24時間以内に100キロの完歩を目指す100キロハイクというきついイベントが毎年あるのだが、途中で怪我をしても絶対にリタイアせず、4年連続完歩する。後輩に聞かれたことは即答する。お金がなくても後輩には奢る（その後、徹夜でバイトに行くのだが）。自分では自覚していないのだが、この頃、目つきがきついと同期に言われ、全然怒っていないのに、「萩ちゃん、怒ってる？」とよく同期の女子に聞かれた。当時、後輩だった妻からは、「怖くて、話しかけられなかった」と結婚後に言われてショックを受けた。

僕は自分にも不寛容だったが、部員にも不寛容だったと思う。

あるとき、気づいた。歴代最高のバカ主将と言われた松尾さんの周りでは、常に笑い声が聞こえていた。僕は大きな勘違いをしていたのではないか。松尾さんにはたくさんの愛

お茶の時間はリラックス。

らしい隙があって、その隙に吸い寄せられるように人が集まる。後輩の質問に即答するようにしてきたけど、一緒に考えようとしてきただろうか。

農業をはじめてから、松尾さんが農場に来てくれた。僕は、松尾さんは素晴らしいリーダーだったと打ち明けた。同じようなキャラクターにはとてもなれないので、僕は別の道を模索していきます、と松尾さんに約束した。

農業でチーム経営をするようになって、**怒鳴る・キレるというのは、経営リスクが非常に高い**という事実に僕は途中から気づいた。怒鳴る・キレる禁止ルールを明言したら、ミスが起きたときこういう場面が出てくるようになった。

「あ、もしかしたらそのミス私かもしれないです」
「あ、ごめん。俺の伝え方があいまいだったからだ」
「いえ、もうちょっと指示の奥を理解すべきでした」

ミスを押しつけ合うのではなく、ミスを拾い合う。その後のミーティングで、その失敗をさらけ出し、原因と解決方法を見出し、全員で共有する空気ができてきた。農場内に怒る人間は誰もいない。心理的な安全性の確保は経営に重要だった。

まあ、経営どうのというよりも、僕が単に、ピリピリした空気や不機嫌なオーラ、恐怖を伴う指示が好きではないというのが一番大きい。どうせならご機嫌で仕事したい。

ともかく、怒るというのはとてつもないリスクがある。そのリスクをとってでも怒らなければならない場面もあるだろう。でも、そんな場面って一生にせいぜい10回くらいじゃないかと思っている。その10回しかない切り札を、今この瞬間にお前は使うのか。怒る前にこれを自分に問うている。

見つけた公式

怒鳴る・キレる禁止≠我慢する
＝解決する力

3 横に立つコミュニケーション

横に立つコミュニケーション。これはのらくら農場でもっとも重要なキーワード。

人の正面に立たない。たとえば資料を相手に渡して、「いついつまでにやっておくように」というような命令口調で仕事を言い渡さない。

一緒に資料を見ながら、「この施肥設計なんだけどさ、初期の葉の大きさを作るためにもうちょっと元肥寄りに持っていったほうがいいかなと思っているんだけど、どんなもんかな」「そうですね。アミノ酸肥料の比率を上げる感じですかね」「その分、炭水化物をもうちょい補うか」「高光合成能力のスパイラルに持ち込む感じですね」というように、一緒に相談しながら進めて行く。

経験の浅い人にとっては、ベテランの思考を吸収するために。ベテランは新しい人の感性にハッとするために。ベテランは**「指示者」としてではなく、「伴走者」として振る舞う。**

この会話は理解が浅い部分をあぶり出す、マーカーのような役目もある。ベテランは説明しているときに、詰まることがある。もしくは、新人から質問を受けたとき、答えられないことがある。ここが、理解が浅い部分だと認識することができる。ベテランは恥ずかしがる必要はなく、今そのときに学び直せばいい。

大根は、品種によって種の大きさがまるで違う。最適の播種間隔（種を落とす距離）にするために、播種機の目皿を検討する。季節によっても播種間隔は変えている。

大切なのはこれをなるべく小声でやらないこと。他の作業をしているメンバーにも聞こえるように。新人さんは会話の内容が理解できなくても、この農業のやり方の奥行きが結構あることがわかれば十分。会話が理解できる人から、「その肥料の在庫、そういえば少なくなっているかもしれません」など、飛び込みで必要な情報が入ってくるこ

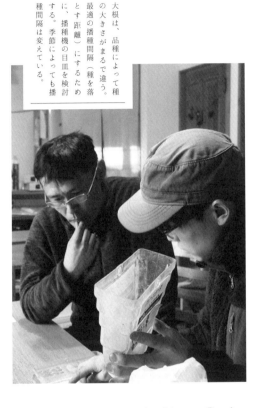

とも多々ある。
僕は、これを取引先とも行政ともやっていきたい。うちが買う側であれ、売る側であれ。一方通行の上下の関係では、よいアイデアは生まれない。いかに「一緒に考えるチーム」にしていくか。乗り越えるべき壁を自分ごととして捉えるメンバーを増やすほど、集合知が生まれる可能性が増える。

あるとき、佐久穂町の役場から、佐久穂の農業の方向性を考える話し合いに呼ばれて、農場の「横に立つコミュニケーション」の話をさせていただくと、佐々木勝町長が「それいい。役場でもやろうよ」とおっしゃった。直後、町長さんが僕の横にいらして、こうおっしゃる。「でさ、萩さん。次、俺は何やったらいい?」。こんなこと聞いてくれる町長さん、います? 速攻で横に立つコミュニケーションを実施した、佐久穂町長。

2020年春、コロナ禍で世の中がどうなるかわからなくなった頃、町長さんから連絡

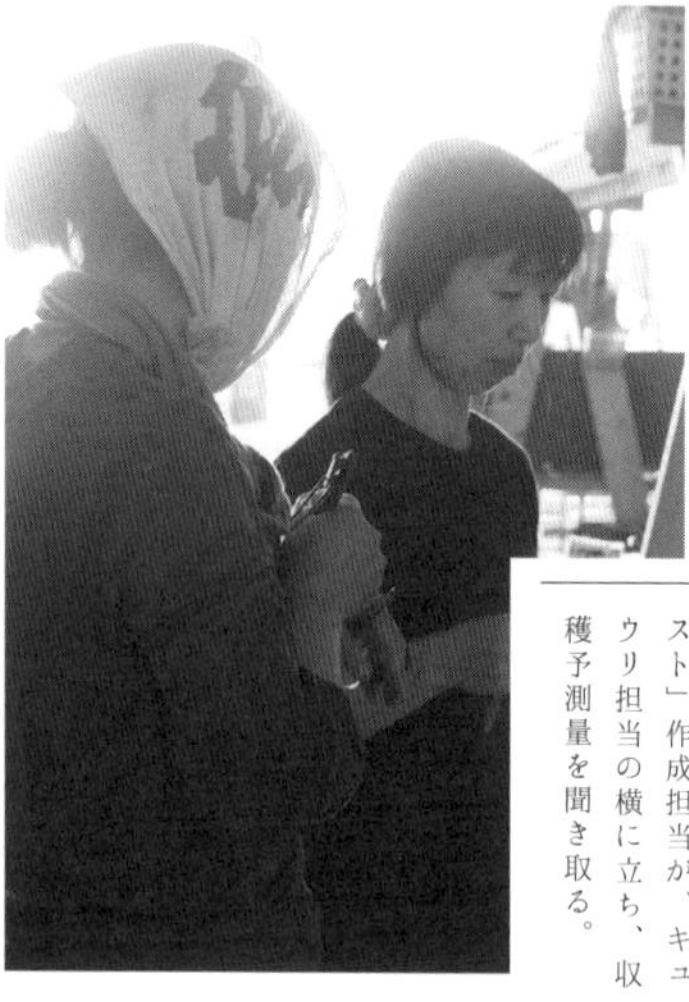

取引先への「出荷可能リスト」作成担当が、キュウリ担当の横に立ち、収穫予測量を聞き取る。

が来た。「ちょっと農場に寄っていいかな」と、農政の職員さんを連れて来場された。「こんな世の中になって、これから佐久穂町の農政をどうしようかと思ってね」と切り出された。

「いや、町長、僕にもわからないんですよ」

「いいの、いいの。萩さんと話しているうちに、何か浮かんでくるから」

上から目線など微塵もなく、フラットな立ち位置で気さくに話を引き出される。一緒にいらした職員さんに聞くと、町長はいつもこんな感じらしい。「わからないからあの人に聞いてこよう」と、さっと動いてしまうそうだ。

「話しているうちに何か浮かんでくる」。これは本当だと思う。町長に質問されている僕のほうが、話しているうちにこれから農場が取るべき舵取りの思考がまとまってくる。横に立つコミュニケーションの力を、僕のほうが学んだ時間だった。

見つけた公式

相談しやすい環境を作る＝横に立つコミュニケーション

4 多すぎる農地を覚える方法

うちのようにもともと農地を持たない新規就農者は、ほとんどの土地を借りている。よそから来てすぐに有利な土地を借りられるケースはほとんどない。遊休地から借りていって、だんだんと信用をつけて地域の農家さんから「ここやらないか」とか、地主さんから「○○さんから土地返されちゃったから、萩原さんやってくれない？」とお声がけいただくというパターンで広げていく。だから農地はあっちこっちに飛ぶ。

困るのが、農地の呼び名だ。たとえば東から順にアルファベットをつけていったとすると、AとBの間の農地が借りられたときに困ってしまう。ゆえにアルファベットや数字は適さない。

そこで、サダオさん、アベさん、ヒロシさんなど、地主さんの名前で呼んでいた時期がある。のらくら農場が「家族プラスアルファ」の頃はよかったのだが、人数が10人くらいになり、農地の数が50枚を超えてくると、もう無理。地主さんと接点のある僕は憶えられても、スタッフは覚えられない。「アべさん畑に肥料散布する」とミーティングで伝えていても、隣の畑に散布しそうになるなどのリスクが出てきた。

ある日、農場メンバーで居酒屋に行った。内装は和風で、かなりの部屋数があるお店だ。僕たちの部屋の名前が「草彅」で、その通りは「中居」「木村」「稲垣」「香取」とある。SMAP！　別の通りは「二宮」「大野」「桜井」「相葉」「松本」。嵐！

お店はきっと、**目まぐるしく変わるアルバイトさんにもわかるように、誰でも知っている名前にしたのだ**と気づいた。これ使える！

さっそく農地の名前を変えることにした。選んだのは国名。

やってはいけないのは、韓国の隣は北朝鮮、その隣は中国というように地理的順番にしてしまうこと。これでは番号やアルファベットと変わらない。この辺はなんとなく南米、この辺はなんとなくアジアというようにざっくりと決めて、あとはイメージ。広くて赤茶けた土が乾きやすい、でも広大なこの農地はオーストラリア。ハウスは施設園芸王国オランダ。肥沃でまずまずの面積があり、大体、何を作ってもうまくいくのは農業大国フラン

たった250㎡しかない、一番小さな畑。コンクリートのように固く、乾けば地割れするような状態から、土作りを続けてフカフカに。今は小さいけど生産性が高い。その名はルクセンブルク。

ス。見える景色は美しいものの、入り口が狭くて軽トラックが入れないちょっと面倒な（けど憎めない）畑は、美しいけど財政難で面倒なことになっているギリシャ。眼下に広がる佐口湖は地中海ということにしよう。温かく地力はあるけど、野生の鹿の襲来の危険がある畑はコロンビア。アイツら（鹿のこと）は南米マフィアだ。八ヶ岳がマッターホルンのように美しく見える畑はスイス。

このふざけたイメージとともに畑を説明していくと、新人さんでも一気に覚えやすくなった。「今日はシリアでカボチャを収穫します。その後モンゴルの麦わらを片づけます」「先にスウェーデンのケールを収穫してから、イラクのスナップエンドウの収穫に行きましょう」などと真剣にミーティングでスタッフが話しているのを聞くと、笑ってしまいそうになるが、世界を股にかける気分にもなれる。

いずれにしてもいい気分。我が家はフランスのお隣ということになる。

見つけた公式

新人さんもすぐ覚えられる＝
誰でも知っている名詞＋ふざけている感

5 担当の線引きをあえて曖昧にする

農場のメンバーは担当チームに入っている。出荷チーム、育苗チーム、畑チームなど大きな枠がまずある。これが細分化され、出荷担当の中にも、いくつかの担当がある。野菜の包装資材やダンボールの在庫管理を気にする人。野菜を計って袋に小分けしていく小分けの中心にいる人。納品書などの事務作業に重きを置く人。個人のお宅にお届けする「小さな畑セット」のリーダーの人。

イレギュラーのミッション担当もある。お客さんを招いての収穫祭担当、ラベルのデザインやシール会社との打ち合わせ担当、害獣避けの電気柵の部材を見積もって発注する担当、などなど。

常時、作物別担当もある。これは、新人さんにも期間スタッフさんにも担当してもらう。ケール担当、トマト類担当、キュウリ担当、ズッキーニ担当、葉野菜担当という形。

そして担当の線引きをあまり明確にしないようにしている。キュウリ担当は、キュウリの様子を誰よりも気にする人、誰よりも変化を早く察知する人、というような曖昧な形に、あえてしている。

以前、インゲンを突出して多く出荷してみようと取り組んだことがある。話し合いの結果、3名のインゲンチームを作って、収穫、追肥、量の把握、小分け、出荷までをずっとやっていくことに。専門チームにしたほうがやりやすいだろう、と考えてのことだった。

これはとてもうまく機能した。効率的で、収穫量を正確に把握でき、出荷先への出荷量も調整しやすい。何より、専門チームとして作物に習熟することで、小さすぎる実を採ってしまったり、採り忘れて過熟にしてしまったりということがなかった。

非常に効率よく回った。ところがある日、僕は見てしまった。インゲン収穫チームの募集で来てくれたジュンちゃんという好青年が、「今日もインゲンの収穫だ」と軽トラックに乗る際に一瞬、寂しそうな顔をしたのを。

せっかく多品目を栽培しているのに、インゲンの仕事だけでは飽きる。延々と終わりの見えにくい仕事というものは、なかなかにつらい作業になる。

非常に効率がよかったインゲンチームは、1年で解散してしまった。

ズッキーニ担当がずっとズッキーニのみに関わるのではなく、全体を把握して、「今日はこのサイズを主に収穫お願いします」などと指示を出す人という形。

5、6人のチームで、どどーっとズッキーニの収穫に入り、次にキュウリの畑でどどーっと収穫に入る。一方で、ケールの収穫に入っていたチームが、どどーっとピーマンの収穫に入り、終わったチームからミディトマトの畑に集合して、10人くらいで一気に収穫する。

こうすると、新人さんは、ミネラルの欠乏がないかなどの生育診断や、水分の状況などをベテランに指導してもらえる。ひとシーズンが終わる頃には、管理力がかなりついてくる。

チームは固定化せず、日によって変わる。そうすることで、大体全員がいろいろな畑と作物に関わることになる。すると今日は何の作業を優先したほうがいいのかが一致してくる。また、担当が休んでも、別のメンバーに翌日の作業のポイントを託しておけば、誰でもできる状態になる。

「キュウリの整枝をやらないと、もうまずい！」と担当が嘆くと、「そりゃそうだね！やばいね」と一致してくる。気持ちがわかってもらえるというのは、嬉しいものだ。

さらに、チームの入れ替えには、肉体的な負担を軽減する目的もある。たとえばズッキーニの収穫のようにかがんでやる仕事ばかりだと、腰を痛めることがある。かがんだあ

のらくら農場のおもな業務と担当

レギュラー業務

[業務別の担当]
- 収穫
- 小分け、箱詰め出荷
- 草刈りなどの圃場管理

（以上3項目：全員）

- 出荷チーム
  - 梱包資材の在庫管理
  - 受発注業務
- 畑チーム
  - 施肥班
  - マルチ班
  - 播種班
- 育苗チーム

[作物別の担当]
- ケール担当
- キュウリ担当
- ズッキーニ担当
- 葉野菜担当
- ダイコン類担当　など

イレギュラー業務

- 収穫祭チーム
- ラベルチーム
- 漬物加工チーム
- スープ加工チーム
- Web チーム　など

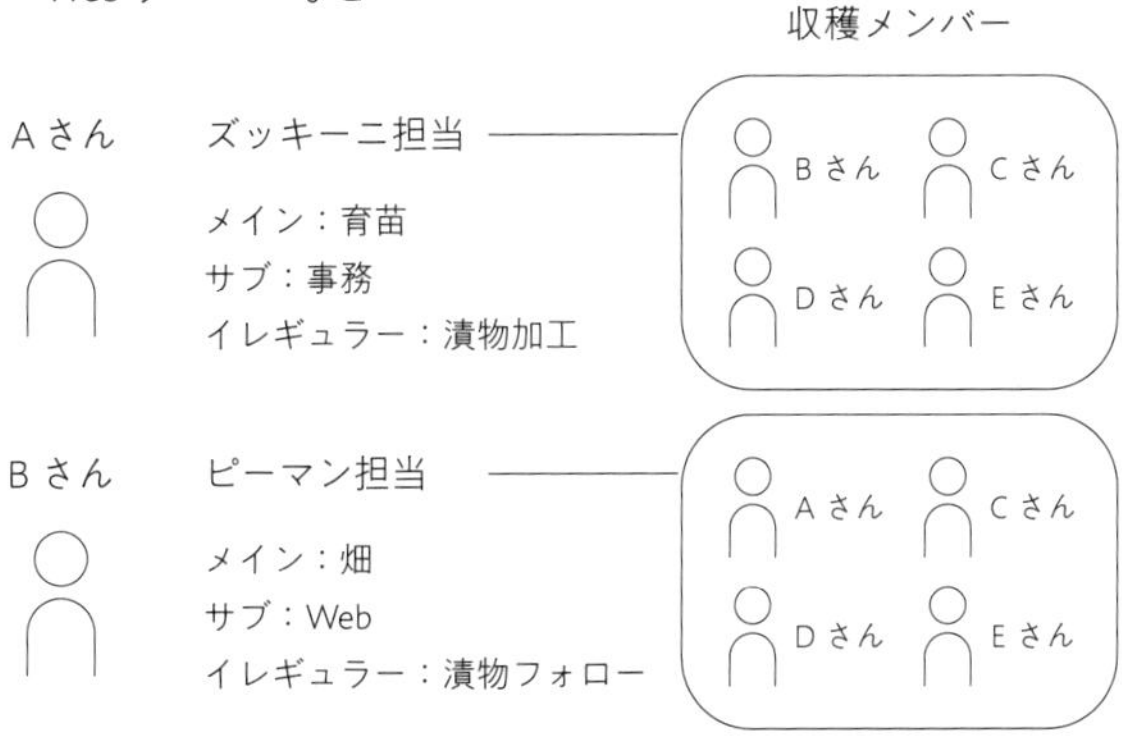

とは、なるべく背中が伸びる作業にするなど、負担を交互にするように意識している。

　1人の人間が、ずっと同じ仕事をするほうが効率はいいので悩むところだが、担当者の気持ちを全員がわかる形を優先することにした。

　土壌分析もぞうきんを洗う仕事も、価値の優劣はないとしている。

　そして、仕事場には、必ず誰の担当でもない仕事というものができてしまう。それをひょいと拾い上げる職場こそがよい職場である、と僕は考える。

この年は、福岡から来てくれたツカちゃん（写真右）がズッキーニを担当。作業は1人でやるわけではなく、複数人で一気にやる。ツカちゃんは海外青年協力隊の柔道指導員として、ウズベキスタンに行っていた。

見つけた公式

きっちり線引きしない担当制＝お互いの気持ちがわかる仕組み

6 畑を食べるまかない

以前は、お昼ご飯はそれぞれお弁当を持ってきてもらっていた。1時間のお昼休みに、好きな場所で好きに食べる。その後、本を読む人もいるし、昼寝する人もいる。

あるとき、スタッフの1人が、カップラーメンを持ってきているのを見てしまった。その後も何度か見てしまった。いや、いいんです、カップラーメンが好きなら。結構おいしいし。でも、おいしいことよりも、朝お弁当を作る時間がないという理由のほうが大きい気がした。

その頃、僕と妻はNHKの「サラメシ」という番組をたまに見ていた。職場によっては、お昼ご飯の提供がある。まかないをやりたい気持ちはずっとあったのだが、休憩場所をしっかり取ることができなかったし、お昼ご飯作りに人を割く余裕もまったくなかった。

ハイシーズンになると、朝から夕方までフル回転での作業となる。仕事終わりに、出荷できなかった野菜を自由に持ち帰っていいルールになっている。傷ありのカボチャがあったので、妻が「持っていけば」とスタッフに言ったところ、「カボチャはハードルが高くて」とのこと。好きだけど、調理がちょっと面倒。その気持ちはよくわかる。農作業や事務で1日がんばって家に帰ったら、晩ご飯は手抜きしたい。そりゃそうです。

農場メンバーの体が心配になってきた。健康な野菜を育てる人は、健康であってほしい。長男が大学進学のために家を出ることになり、妻が決心した。「居間を開放して、まかないをやってみます」。

調理は1人なら1時間、2人なら30分で15人前くらいを作る。「朝と晩のご飯を手抜きしても1日分の野菜が摂れる」がテーマ。給食のような意味合いがある。忙しいシーズンにご飯作りに人を割くのは大変だが、それ以上に得られるものが出てきた。

交代で作ると、僕では考えつかないような料理が出てくる。これがとてつもなくおいしく、おもしろい。

「これどうやって作るの?」とレシピ担当がインタビューする。個人のお宅に直接お届けしている「小さな畑セット」は、「畑をそのまま小さくしてお届けします」がコンセプト

みんなで食卓を囲む。

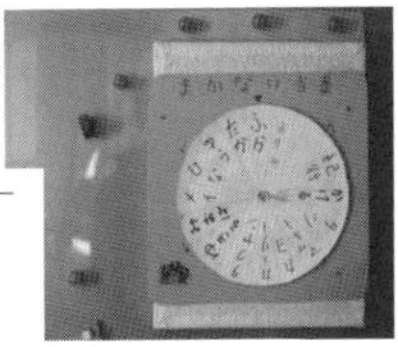

まかない当番は全員で。

僕ら夫婦もまかないを担当。

の野菜セットだ。農業をはじめた頃から20年以上続いている。そのセットに毎回、今回の野菜で簡単に作れるレシピを同封し続けている。このまかないのおかげでレシピのレパートリーが格段に増え、今やレシピ数は300を超えている。

ある年、例年より多く6月のカブを作付けた。栽培の研究を進めて、味が本当によくなり、自信をもって出荷できるようになったからだ。ところがこれが思ったより売れない。カブというと秋冬のイメージが強く、煮物に使うことが多いかもしれない。しかし、この標高1000メートルの高原の6月のカブは、フルーツのようにおいしい。

かなりの売れ残りがあって、まかないでカブの料理が出る。

「この前は柿のような味で、次に桃に近い味になった」

「ちょっとマスカットブドウのような香りもしてきたよ」

「うますぎる。このカブが売れないなんて信じられない」

みんなの悔しさも伝わってきた。僕たちの栽培法はやっぱり間違っていない。売れないのは気づかれていないだけだ！　と気持ちが一致しだした。

スタッフの体のことを心配してはじまったまかないだが、結果的にチーム作りにとても重要な要素になってきた。試食、食べ方の発見、おいしいを共有したときの強さ。

まかないを続けてみて強く感じるのは、農場で同じ季節を過ごすと、いつしか、食べたいものが一致しだすということ。

さっぱり晴れやかな空が広がる日もある。どんよりした曇りと雨が1ヶ月も続くときもある。八ヶ岳が初夏の風を運んでくれる日もある。肥料散布が集中して、きつい力仕事が続くときもある。玉ねぎの収穫がやっと終わって、祝杯をあげたい日もある。そういう日々を仲間と共有していると、猛暑日はさっぱりとしたもの、肌寒い日は温かい汁物、はっきりしない蒸す日は、目が覚めるようなスパイシーなカレー。

「あ〜、それ今日食べたかったんだよ」、こう思う日が増えてきた。

そのとき採れた野菜を、その日の気候と噛み合うように調理すれば、それは体に染み入るように入っていく。

最近では、まかないを食べながらお取引先と商談をすることも増えてきた。一緒にご飯を食べるって、人との距離を縮める強力なツールだと思う。多品目栽培をやっていてよかったとつくづく思える。

見つけた公式

まかない＝試食＋食べ方の発見＋チーム結束

7 60：60の関係でいこう

コンテナを三つ運んでいる人がいる。あとから追いかけてきた別のスタッフが上の2個を黙ってヒョイと取って運んで行く。こんなシーンを見ると、すごいやっちゃなーと思う。僕が見ているのはこういうところだ。相手の負担をいくらかでも軽くしようという心遣い。

期間スタッフ用のシェアハウスとして、古民家を借りている。入居のときに必ず言うことがある。

「50：50（フィフティー、フィフティー）の関係なんてまずうまくいかない。60：60の関係でいこう」

疲れてしまって家事を分担できない日だってあるなかで、平等を求めすぎるとギクシャクしてしまうことがある。そんなときは、動ける人が動けばいいじゃない。あまりやり過ぎても疲れてしまうから、**ちょっとだけ相手のために動く**。無理しない程度に。その心遣いが、チームに潤いをもたらすと思っている。

ただし……。ずっとこのバランスが安定的に続くなんてこともないのが現実だ。人間関係は簡単にバランスが崩れる。それはもう前提である。だからこそ、悩みを聞いたり、ときには背中をそっと押したり、細やかなメンテナンスが必要になる。チーム運営の農業をする以上、その覚悟なくしてできない。

コンテナ5個を運ぶカズさん。昔のそば屋の出前か！

見つけた公式

50：50の関係＜60：60の関係

8 「せめて」を積み重ねる

いろんなスタッフとつき合ってきて、とてつもない成長を遂げる人がいることに気づく。成長の因子はいくつもあると思うが、その一つに、**良質な「自己否定能力」を持っていること**がある気がする。

良質な、というのが鍵。良質の中身は何かと考えると、「明るさ」だと思う。暗く否定してしまう場合についてまわるセリフは、「どうせ自分なんて」という「どうせ」。否定する場合は明るく否定しないと、「自己全部否定」になって周りもどんよりしてくるので要注意。

一方、自己否定を前向きに成長の燃料とすることができる人は、行動に「せめて」というセリフがつく。自分はわかっていないから「せめて」これだけは理解する。まだ仕事に慣れていないから「せめて」小分け作業だけはマスターする。この小さな「せめて」の積み重ねができる人は、信頼を獲得する。やがて新たな仕事を任されて、さらに成長するというスパイラルに入る。

のらくら農場が新しいスタッフ2人の募集をかけていたときのこと。予定の2人が来てくれて、締め切ろうかと思ったタイミングで、長野県白馬村からさわやかな青年がやって来た。人数が揃っちゃったんだよと伝えてはおいたが、会ってみることにした。

彼は、海外青年協力隊としてアフリカのセネガルに行っていた。セネガルでは配水をする活動をしていたそうだ。僕がアフリカでの活動を聞いていると、彼はこう言い切った。「力がなくて、ほとんど役に立てませんでした」。これ言えるってすごくない？ すげーヤツいたよ！ 僕は心の中で「原石見つけたー！」と叫んだ。「あーもう採用！ これからよろしくね」と。彼は「え？ これでいいんですか」とポカンとしていた。この彼が、後にエースに育つタツさん。

お取引先のエコロジーショップＧＡＩＡさんから、30代半ばで転職してきてくれたカヨさんという女性がいる。彼女こそ「せめて」の達人だった。

農作業は腕力もないし……、という自己否定を「せめて」に変換して、次々と細かい作

「せめて」の達人、カヨさん。

業のコツを身につけ、後に出荷の中心となる。細かいミスを見抜く目は一流だ。

細身の彼女が25キロある荷物をはじめて持ち上げようとした場面は忘れられない。重さのあまり、手足が生まれたての子鹿のようにプルプル震えている。「カヨさん、無理しないで！」と周りが止めに入った。同時に、その場にカヨさんのがんばりに対する敬意と自分への叱咤の空気がよぎった。

以上、「せめて」の積み重ね最強説でした。

見つけた公式

成長＝自己否定能力（―「どうせ」＋「せめて」）

9 「ドベネックの桶」を意識する

次ページの絵は農学でいう「ドベネックの桶」である。桶は縦割りの木を箍《たが》が固定して成り立っている。桶の水位は作物の質を表わす。この絵では石灰、つまりカルシウムが突出して欠けている。他の要因は高いレベルでも、カルシウムの低さが作物の質を全体的に下げてしまう。ここではカルシウムの低さこそが、高品質への制限要因になっている。

新人さんが入ってくると、このドベネックの桶の説明をする。土の構造だけでなく、人が生きる力の話として。

自分のいいところを伸ばす、というのはある面では真理だと思う。しかし、世界的なアーティストや天才的なスポーツ選手ならいざしらず、僕のような凡人なら、やはり欠けている部分を多少は補う必要があると思う。ここでの水位は、一流とかではなくて、「社会で生きていけるレベル」という意味。まずここを満たした上で、あとは好き勝手にいいところを伸ばせばいいと思う。

桶の縦の木の要素を農場に必要な力に置き換えてみると、社会で生きていけるレベルなので、そんなに無理難題はなくて、いたって普通のことになる。

・とりあえず電話対応、接客対応ができる
・とりあえず回りとうまくやれる
・パソコン関係を含めた簡単な事務作業ができる
・安定的に出勤できる
・素直さがある。人のせい、状況のせいにしない

農業の世界で生きていくなら、「マニュアル車が運転できる」があると、グッと広がる。

これらの力が最初はなくても、「習得して

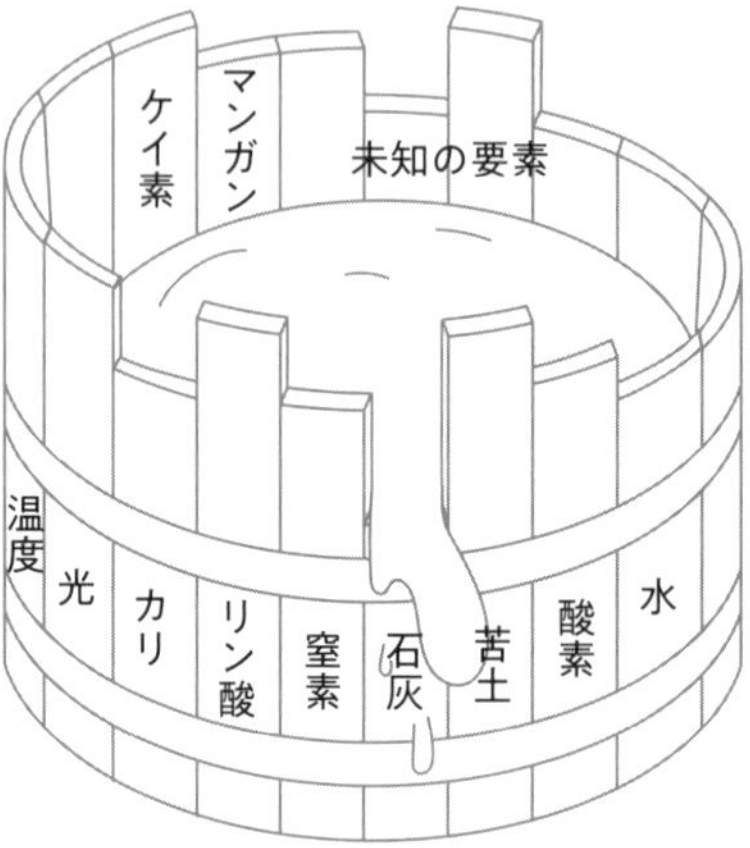

みせる」という気概があれば大丈夫。繰り返すが職場は学校ではないので、自分で習得していく覚悟は必要になる。

こんな話を先にしておいたら、あるスタッフが、「萩原さん、私のドベネックの桶の低いところはどこでしょうか？」と聞いてくれた。どんな仕事もこなしてくれるのだが、あえて言うなら、リーダーシップが強すぎるところがあった。

「あえて言えばだけど、仕切る力かな。バンバン指示を出す形とは違う、仕切る力。**本当に仕切る力がある人は、その人が仕切っていることを誰にも気づかせない状況を生み出せる**と思う。実はその人が裏でがんばって支えている。周りの人はそれに気づかないかもしれない。そして仕事がうまくいったとき、『自分たちがやったんだ』という意識が持てる。これこそが仕切る能力の本質だと思う。だけどね、いいチームは後で気づくよ。やっぱりあの人が下支えしてくれていたんだって」

こんな会話から、彼女の生きる力が一段と高まったんじゃないかと信じている。

見つけた公式

生きる力を身につける＝
「ドベネックの桶」を意識する

10 普通をたくさん重ねると強い

長男カケルが大学に進学するとき、友人が語りかけてくれた言葉がある。長男は法学部に行くことが決まっていた。

「カケル君、法学部に行っても、司法試験に合格するような優秀な人になるだけが道じゃないよ。法律を一流とは言わないまでも、人から頼られるくらいわかっているのが大切。でも、そんな人は世の中にたくさんいるよね。英語が話せる人もたくさんいる。だけど、法律がわかって、英語が話せる人となると、一気に絞られる。**もう一つフィルターがあると、ほとんど唯一の存在になれる。すべてが一流でなくてもいいんだよ**」

長男の隣にいた僕のほうが感動にのたうち回っていた。

この複数のフィルターは、スタッフの個々の成長においても非常に役に立つ。

当時23歳の若さでのらくら農場の一員になってくれた、ミオさんという女性スタッフがいる。スイスのオーガニック農園にいた彼女は、最初は畑作業を中心にやりたがっていた。2シーズン目を迎える頃、出荷事務に挑戦してみないかと打診した。もともと珠算二段、暗算一級の計算能力をもっていた。まずここが第一のフィルターだ。それをきちんと仕事に活かせたら強いと思った。

「ミオちゃん、世の中のどの仕事にも事務の仕事があって、それを身につけると生きていける幅が一気に広がるよ。事務こそが仕事の最重要ポイントなんだよね。畑もできて事務もできたら、最強だよ」と言うと、彼女は「やってみます」と挑戦してくれた。

ミニトマトを担当しながら、事務作業もどんどん身につけていった。大口の出荷のときも、彼女がいると安心できる存在になった。

ある日、草刈り機を覚えたいと言ってきた。教えてみると、一定のリズムで草を刈ることができる。肥料散布も覚えたいと言って、これも上手になった。「マルチ」という畑で使うポリシートに、穴を開ける仕事も覚えたいと言ってきた。「手よりも足の歩幅でリズムを取るといいよ」と教えると、リズムよくポンポン穴を開けていく。エンジン噴霧機も使えるようになった。

「ミオちゃん。事務ができて、ミニトマトの栽培ができて、草刈り機が使える。マルチに穴を開けられて、肥料散布もできて、エンジン噴霧機も使える20代女子って、**1万人に1人もいない**と思うよ。胸張っていい。いろいろ身につけたな〜。がんばった」と僕が言うと、「ふふふ」と彼女は照れ笑いした。

お昼休みにフォークリフトの運転を教えてもらうミオさん。小さな努力が彼女の強み。

実際の仕事場に必要なのはこういう人なのだ。彼女が身につけたのは、一つ一つは普通のことかもしれない。しかし、この普通がたくさん重なると、とても魅力あふれる人材になる。

今はこの普通の積み重ねの上に、彼女しかできないスタイルが上乗せされている。とてつもない出荷量の日で、周りが大慌てのときも、彼女だけは別の時空にいるかのように冷静に箱数や出荷先をチェックできる。まず間違わない。

農業経営者の方に聞きます。こういう人材、ほしいと思いませんか？

就農人フェアなんかに彼女が行ったら、引く手あまたなんじゃないかと思う（うちに絶対に必要な人材なので、持っていかないでくださいね）。

多品目栽培ののらくら農場では、自分で考えていろいろなことができる人がどうしても必要になる。控えめな彼女だが、たくさんの「仕事に必要な普通」を持った、1万人に1人もいない貴重な存在になってくれた。彼女の「素直」という資質が大きく影響したのは間違いない。素直さは伸びしろを担保する。

仕事を任せる際、気をつけていることがある。農場の都合でしてもらいたい仕事というのはもちろんあるのだが、**その人にとって「それを身につけたら必ず生きる力になるだろう」という思いをまずこちら側が強く持つこと。**こちらの都合だけで仕事を割り振っても、まずうまくいかない。

見つけた公式

素直さ＋普通の力＋普通の力＋
普通の力＋独自の力＝
どこでも生きていける力

11 わからないまま進む力

新人さんからよく聞かれることがある。「仕事の全体像が知りたい」というものだ。気持ちはよくわかる。僕がその立場なら同じように思うだろう。今日の仕事の位置づけがわからないと不安があると思う。

メンバーとして入ってきてくれた人には、1時間半かけて農場のことを説明する。ある程度は全体像も示すし、「今回の作業のゴールは」と目的も示す。しかし、多品目のオーガニック農場の仕事の複雑さと言ったらとんでもないレベルで、とてもすべては説明しきれない。農場の資料は「1年くらいこの農場で過ごした人がわかる内容」という質を考えて作成している。

映画「天空の城ラピュタ」の話をしたい。少年パズーは僕が目標とする人だ。

炭鉱の仕事中に見知らぬ少女シータが空から落ちてくる。気を失っているシータを受け止めて、自宅まで連れて行く。翌朝、パズーの奏でるトランペットでシータがゆっくりと目覚める。不安なシータは、これ以上はないというくらいゆっくりと目覚めることができた。

あぶない、僕だったら、寝ているシータの肩を揺さぶって起こし、「もしもし、あなた空から降ってきたのですけど、どなた？　朝ご飯作ったけど、アレルギーとかある？」とシータの心臓が止まるほど驚かせてしまうだろう。シータの心臓が止まったら、そこで物語が終わるところだった。

ともかく彼は、「よくわからない状況だけど、なんとなくこの子を驚かさないでおこう」と、わからないまま手を打つ手段をとったのだ。

僕がパズーにとことんかなわないと思ったシーンがある。海賊のドーラ一家と合流し、海賊船に乗ったときのこと。わけもわからないまま機関室に放り込まれたパズー。ヒゲモジャの機関長に手伝いを指示されて、よくわからないまま、全力でパズーは手伝いに入る。おそらく、この機関長がそんなに悪い人でもない、と瞬時に判断して指示に従ったのだと思う。たった1人で生き抜いてきた少年ゆえ、生きる嗅覚が身に着いたのだろう。

はじめてのケールの収穫作業も、先輩のペースの流れに乗る。

とりあえずやってみる前に「これはなんの役に立つのですか」という問いが先に来てしまうのはもったいないと思う。

まだ価値を測定しなくていいんじゃないかな、と感じる。

新人さんは10センチの物差しを持っているイメージ。10センチの物差しで50メートルを測ろうとしなくていいんじゃないだろうか。先を見定めないと不安かもしれないけど、まずはつき合ってみて、もうちょっと後で測定すればいいんじゃないか。これから自分の持つ物差しがグングン伸びていくのがおもしろい。

仕事をしているうちに、どんどん長い物差しが手に入ってくる。すると、たとえば今の農場の品種がそもそもずれているんじゃないかと気づいて、そのズレは低温伸長性なのか、在圃性なのかとかわかった上で、他の品種を調べてくれたりする。そして僕ら先輩がひっくり返るいい案が出てきて、拍手喝采となる。

「もっといい方法があるかもしれない」「この状況はなんだかおかしい」といった自分で考える力は、徐々に身についていく。

「わからないまま進むのもいいんじゃないか」というのを新人さんに説明するにはどうしたらいいかな、と超働き者のスタッフ、カーリーに相談してみた。

「**大切なのは、よくわからないけれどもみんなの流れに乗るということ**だと思うんです」

でかしたカーリー、このワード、ストライク！

シータを受け止めたとき、機関長の手伝いに入ったとき、パズーはまず、最初の一歩だけ、どうすればいいのかの嗅覚を働かせる。そののちに、「よくわからないけれど流れに乗った」のだと思う。これは生きていく上でとても大切な力だと思う。

わからない期間、不安もあるだろうが、農場のメンバーにはどうかわからないまま進む力で日々を過ごしてほしい。先がわからないって、そんなに悪いことでもないよ。

見つけた公式

流れに乗る＋わからないまま進む力＞全体を知っている＋ゴールがわかっている

わからないままとっておく

最初に雇用したスタッフは、妻の弟の進藤大治君だった。彼との出会いは僕にとってかなり大きなものだった。その頃、畑があまりにも回らなくて、埼玉の実家にいたダイジ君に手伝ってもらうことになった。最初は忙しいときだけ。そのうち、隔週で埼玉から来てくれるようになった。子どももダイジ君にかなりなついて、我が家は隔週で家族の人数が変わる変則家族になった。今でこそ、話し上手な彼だが、出会った当時は「う」しか言わなかった。

「ダイジ君、肥料散布頼むわ」

「う」

「ダイジ君、そろそろご飯だよ」

「う」

こんな具合で、イエスかノーかを慎重に聞き分ける必要があったのが、慣れてくると、「今日はご機嫌の『う』だな」などわかるようになってきた。

彼は頭の中で哲学のような思考を構築して、それを言葉にしないで、イメージのような状態で脳の中に蓄積していた。流浪の哲学者のような存在だった。

言葉にできないものだから、説明を受けても何を言っているのかわからない。作業しながらいろいろな話をするのだが、当初はほとんど理解できなかった。「こんな話、わからないですよね」「う〜ん、悪い。わかんないわ」「そうですよね」。こんな会話だった。

無理にわかろうとせず、わからないものはわからない、でも、なんだかすごく深いことを言っている気がしたので、彼の言葉はとっておくことにした。

東日本大震災の後、畑でこんな会話をした。その頃のダイジ君は、かなり言葉にできるようになっていた。

「震災のとき、すごい反射神経ですぐに援助に走れた人がいたじゃない。俺はさ、3歩くらい遅れたんだよね。何やっていいかわからなくて。ああいうときにすぐに動ける人って、すごい反射神経だと思うんだよ。なんであんなことできるかなあ」

「反射神経じゃなくて、助走距離の長さだと思うんですよね。そういう人って、普段から思考の助走をしていると思うんですよ。周りの人は飛んだ瞬間しか見ていないから、反射神経のように見えるけど、注目すべきはその人の助走距離だと思うんですよ」

「なるほどなあ。あ、それって、1年半前にダイジ君とタマネギ植えながら交わした会話とつながってる？」

「そうです。そうです」

「今わかった。あのときは何言ってるかわからなかったけど、やっとつながった」

こんな感じで、彼との会話は、月日どころか年月を超えて「とっておく」と、熟成して理解が進む。

彼とのつき合いで、「理解できなくてもとっておくこと」を身につけることができるようになった。年月を超えて理解できるようになるというのは、実に味わい深いものだ。僕が到底理解できない深いことを考えている人がいても、無理に浅くわかろうとしないようにした。その人の言葉を、背負っている架空のリュックサックにヒョイと入れておくと、自分がその人の思考にたどり着いたとき、取り出して咀嚼できるという楽しみが増えた。

第5章

未来への公式

のらくら農場の未来とこれからの農業界

1

農業を成長させるキーマン

お取引先である東京のスーパー福島屋さんの福島徹会長から、こんな話をうかがった。

「福島屋はこだわった品を仕入れさせていただいているので、その文化がいいと思って就職してくれる、若くていい人材がいるんですよ。それでも、仕事というのは毎日地味なことの積み上げで、青果部門なら品出しが主になります。それに飽きてしまうのがもったいなくて。地味な仕事の中に、売り場をどうやって作っていこうか、お客様とのコミュニケーションをどうやってもっといいものにしていこうかと、クリエイティブなものを取り入れることってできると思うんです」

痛いほどわかった。農業も毎日の仕事は地味で、それをひたすら積み上げていく作業の連続だ。ひたすら草を取る、ひたすらキュウリを収穫する、ひたすら小松菜を小分けする。他の仕事だって、毎日は地味なものだ。

福島さんと話し合っているうちに、アイデアが出てきた。

それは、**農業と販売を行ったり来たりする人材を育てていくこと**。1日、2日の短い体験程度ではなく、年に3ヶ月くらい、あるいは半年くらい、ガッチリ職業としてやっていく。

毎日、土に触れ、野菜に触れ、農業仲間とともに日々を過ごす。そのとき採れた野菜を食べ、自然の変化とともに採れる野菜の変化を知る。ときには台風で作物がやられてしまう経験もするかもしれない。雨の中の作業もあるかもしれない。そうやって農業のリアルを知った人材が販売の現場に帰ってきたら、毎日の品出しの意味が違ってくるのではないか。自分が生産に関わっ

絶品が揃うスーパー福島屋の福島徹会長、福島出一社長、青果担当の竹内さんと打ち合わせ。

た野菜をもっとおいしく食べてもらうために、売り場のデザインを変えていく力になるのではないか。おいしく無駄なく食べてもらえるように、お惣菜の新しいメニューを作ってしまうのではないか。

福島会長、おもしろすぎます。

実は、古くからのお取引先である、エコロジーショップGAIAさんとこのような取り組みをしたことがある。うちがあまりにも夏のメンバーが足りない年があった。当時のGAIA代表の清水さんが、「GAIAのメンバーって、一度は農業をやってみたいっていう人間の集まりだったんだよ。今、そう思う人間が俺だけになった感じがする。もうちょっと農業との距離を縮めたいんだよね」と、4人の方を2週間ずつ送り出してくれた。その中でカヨさんがとてもおもしろがってくれて、「来年もまた行かせてください！」と清水さんに直訴してくれた。翌年はカヨさんだけで2ヶ月来てくれた。その翌年は4ヶ月行きたい、と。さらに次は半年。ついにうちに転職してくることになった。

ここが清水さんの懐の深いところで、「うちから農業に行きたいというやつがいて嬉しい」とカヨさんを祝福してくれた。

GAIAさんのセールのときは1日で500万円分くらい出荷するときがあるそうだ。

そんなとき、「悪いんだけど平島（カヨ）さん貸してくれない？」とヘルプが入る。出荷オペレーションに慣れていて、今もGAIAのスタッフさんと仲がいいカヨさんは最強の助っ人なのだ。帰ってきたカヨさんから、魅力的な商品の話などを聞くことができる。

昨年来てくれた期間スタッフの中に、現役女子大生のキーちゃんがいた。このまま就活するなんてできない。一度世間を見ていろいろ考えたい、と大学を休学してのらくら農場に来てくれた。元気者でいい雰囲気を作ってくれる。約束の期間を終えて、元気に大学に戻った。「農業はいつかやりたいけれど、その前に別の経験を積んでおきたい。だから就職は農業じゃないところにします。でも長野に移住は考えています」とたくましい決断をした。卒業論文は「移住」をテーマに、たびたびのらくら農場にアルバイトがてら取材に来た。勝手知ったるのらくら農場。こちらも忙しいときだったので助かった。

もう1人、大学を卒業したばかりのカエラという女性が来てくれた。海外の大学院に行く合間に農業を経験してみたかったということだ。僕はこれをとても嬉しく思った。農業を「通過する人」がとても重要だと思う。彼女ならきっといろんなものをつかんで世の中に出ていくと思う。そしてどこかでまた、何かのプロジェクトを一緒にやる気がする。僕は彼女に、「カエラは大きな弧を描いて飛んでいくブーメランだ」と伝えた。
農業にとどまってくれる人、農業を行ったり来たりする人、農業を通過していく人。すべてが農業にとってのキーマンになると思う。

インドでのカエラ。

大学でのキーちゃん。

見つけた公式

キーマン＝
農業をがっちりやる人＋
農業を通り過ぎる人＋行ったり来たりする人

2 同じ「文化圏」でつながる

女性スタッフに、北海道出身のユキルがいる。野菜の小分けオペレーションでは、丁寧、素早い、わかりやすい指示を出せる絶対的存在になっている。最初に会ったときは、農業とはちょっと異質の雰囲気をもっていた。何より、北海道なら農家さんがたくさんあるのに、なんでこんな遠くの長野の山奥まで来てくれたのか不思議で、本人に聞いてみた。

「やるなら、食か染色だと思っていたんです」

これは衝撃だった。食か染色……。こんな選択のカテゴリーは僕の頭にはなかった。

美大の染色科を出た彼女にとっては、アートと農業が同列に並んでいる感覚なのかもしれない。

佐久穂町には全国有数の白樺林がある。休日に、倒れた白樺の木の皮を採ってきて、その皮の成分で染色した糸を見せてくれた。「白樺の皮は赤に染まるんですよ」。その柔らかな赤の色に、僕は震えるほど感動した。

はっとした。「僕は大きな勘違いをしていたのかもしれない」。

繁忙期の期間スタッフを募集するのに、僕は農業業界のサイトで人材募集をしていた。複数年契約を結んだので、今も使ってはいるが、どんなサイトを使うかではなく、僕の頭のなかが、「農業をしたい人」の枠に囚われすぎていた。

岩手出身、元服屋のタクヤンはクラフトビールと農業を選択肢に入れていた。DIYも大好きで、ちょっとしたものはすぐに作ってしまう。僕の変顔をTシャツにプリントしてきて、大爆笑を誘ったこともある。彼の場合、「自分でおもしろいものを作る」という中に、たまたま農業があったのかもしれない。

大阪から来たカズさんは元料理人だ。小説を書きたがっている。

取引先の、東御市《とうみ》にあるパンと日用品のお店「わざわざ」さんのことが、うちのスタッフは大好きで、たまに行っている。佐久市のユーシカフェという素晴らしいカフェのこともうちのスタッフは大好きで、よく行っているそうだ。うん、うん、よくわかる。僕も大好きだ。

パン、カフェ、ファッション、クラフトビール、草木染、料理、小説……。農業業界という枠ではなく、彼らはカルチャー、つまり文化圏で自分の道を選んでいたのだ。この中にオーガニックの、のらくら農場がたまたまあった。

ユキル作の草木染の糸。

ミディトマトも担当する。今シーズンは満足の出来。収穫が終わり解体。

そして出荷事務もやる。

お昼休みに木陰でアユさんのヨガ教室。

あるときは薬剤師、あるときはヨガの先生、そして今は春菊担当のアユさん。

その後、海外青年協力隊に行っていた青年、海外で学校を作るNPO活動をしている女子大生、インドで食の映画プロジェクトに参加しようとしている女性、管理栄養士の女性、冬は酒蔵で日本酒作りをしている男性、薬剤師、植木職人も集まってきた。

海外協力、栄養学、お酒作り、医療。こんな雰囲気も加わってきた。

人を採用するとき、あるいは、気持ちのよい建設的なお取引を作っていくとき、僕は、理念とかスタイルとか、社会デザインというような、文化圏で結ばれていくことに光を見る気がした。

そして、農業生産者というよりも、「そういう文化圏の中ののらくら農場」という発信をする必要がある、と痛感した。それが本を出そうと思った動機の一つかもしれない。

佐久穂町に、山村テラスという素敵な山小屋を経営する岩下大悟君がいる。シュッとしたいい男。友達と山小屋を勝手に作って、ついには外国からもひっきりなしに宿泊客が訪れる山小屋経営者になってしまった。

大悟君も、人を怒らない。やっていることは山小屋経営と農業というまったく別のものだが、文化圏が一致している。

「大悟君、冬に新しく山小屋作るとき、人手が足りなかったらぜひ声かけてよ。そういう仕事したい人がうちにはいる」「あ〜いいですね、そういうの。おもしろそうだなあ」と、話がポンポン進む。事業をしていると、1人未満、0・5人くらいが必要ということがある。そんなとき、同じ文化圏の中で人の行き来ができたら、とてもおもしろい。大悟君が建てた素敵すぎる山小屋「ヨクサル」で至福の時間を過ごせた。

見つけた公式

人材採用≠農業業界から↓
人材採用＝同じ文化圏から

3 農業の枠を溶かす

僕がなるべく言わないようにしている言葉がある。それは「農業とはこういうものだ」という言葉。「現在の日本の農業」を数字で語ると、こんな感じになってしまう。

1　日本の農業者の平均年齢は65歳超。
2　露地野菜の時間あたりの所得は877円。

兼業農家さんも含めた平均値であるにせよ、事実としてはこうなっていて、数字だけを見るとちょっとつらくなってくる。農業のあり方は、今やっている人たちと、これからやる人たちが形を作っていけばいいと思う。

のらくら農場では、ジャガイモ、ニンジン、カボチャの3種類のレトルトスープを作っ

営農類型別の時間当たりの所得

水田作 ※水田で、米・麦・大豆等を作付け	881円／h （うち補助金等613円／h）
露地野菜作	877円／h （うち補助金等99円／h）
果樹作	848円／h （うち補助金等51円／h）
畜産（酪農）	3,007円／h （うち補助金等279円／h）

(出所)農林水産省「農業経営統計調査 平成29年営農類型別経営統計(個別経営)」。

（ ）内の数字は、「共済・補助金等受取金」から「共済等の掛金・拠出金」を控除したものを労働時間で除して算出。

ていて、野菜を卸しているお取引先に販売していただいている。

さらに、別業界の卸先が増えてきた。なんと、処方箋薬局や病院の売店でも販売してもらっている。

きっかけは、佐久穂町の田辺診療所の田辺先生だった。田辺先生とは、彼が勤務医、僕が農業をはじめて3年目くらいのときに出会った。それ以来、親友としておつき合いいただいている。僕の具合が悪くなって診療所に行くと、「萩原さん、もうちょっと早く来てよ、も〜。薬も飲んでもらいたいけど、萩原さんとこのにんにくとタマネギのスープを1日3杯くらい飲んで」と、薬の処方とともに、食事の処方ももらえる。

あるとき、重病でほとんど食べ物が食べられなくなってしまった患者さんのところに往診に行った。患者さんが「もう何も食べられなくて」と言うのを聞いて、「それじゃ、これ食べてみます?」とスープを渡した。往診のとき、うちのスープを持っている田辺先生って本当におもしろい。

翌日、スープの卸先である町の酒屋さんから電話をいただいた。「1人のお客さんがスープを全部買って行っちゃって、ゼロになったから今から仕入れに行きます」と。買ってくださったのは、田辺先生が往診した患者さんだったらしく、これだけは食べられたとのこと。お役に立てて嬉しかった。

病気の人は、料理を作るのが大変。即席で体に染み入るようなスープをお届けできたらと思い、処方箋薬局や病院の売店に置かせてもらえるよう頼んでみた。意外と受け入れてくださって、仲間の薬局さんを紹介してくださるところもあった。

病院に入院している旦那さんが食べ物を受けつけなくなったけれど、これだけは食べられたと、わざわざ奥様が農場まで箱買いに来てくださったこともあった。

朝食のみを提供するB＆B（Bed & Breakfast）の宿に置いていただくケースも出てきた。長期旅行中の外国人の方が炭水化物中心の食事になって、旅の途中、野菜が不足するケースが多いらしい。

農業が医療や旅の文化とも融合できることに、希望を感じる。

お取引先のスーパー福島屋さんの福島徹会長と今後の方向を話し合ったとき、こんなお話があった。

「DNA鑑定で未来の病気を予測して、未病に対する食事の提案をできないだろうかと考えているんですよ。それには良質な食材の栄養価のデータも必要です。普段の気楽な食材を買える場で、処方するように食材を提案できる人材の育成と仕組みを作れないかと考えています」

福島由一社長は、こんな場の実現を目指している。

「惣菜を作っている場を見ることができて、畑を見て、食事ができる。そこに学びもある。帰りに食材を買って、食卓が盛り上がる。週末を過ごす、エンターテイメントの場にしたいのです」

農業とはこういうものだ、という枠が溶けていく瞬間、世の中はまだまだおもしろくなるな、と僕はニヤリとしてしまう。

医食同源を考えるのなら、医療や栄養学の関係者の話し合いの席に、農業者も加わることが必要になってくると思うのだ。僕たち農業者は、医療や栄養学の方たちと、「話し合い、問題を解決するプロ集団」として、連結していく力が求められてくると思っている。

福島屋本店近くに作ったFUKUSHIMAYA FARM。のらくら農場でプロデュースのお手伝いをさせていただいた。この野菜が目の前のレストランで提供される。

こうしたことを研究していくと、医療と農業の境界が曖昧になってくる。もっと曖昧になったらおもしろい。

医療も農業も人の健康に寄与する重要な仕事だ。にもかかわらず、医療者と農業者の平均所得はとてつもない差がある。医療には健康保険があり、誰でも治療が受けられる仕組みがある。国民健康保険制度によって、患者の負担は3割に限定されている。農業にそれはない。

いつか進路を考える学生が、「医療に行こうかな、農業に行こうかな」と悩むくらいに、おもしろい産業になったらいいと思う。

見つけた公式

野菜の出荷先＝食品業界　だけじゃない

人の健康に寄与する職業＝医療＝農業

4 マイクロ農協

のらくら農場は、農協に出荷していないが、外から農協という機能を見ていると、すごいと思うことが多い。あるとき、農業仲間である久松農園の久松達央さんと農協の機能について話し合った（ここで言う機能とは、葬儀場や中古車販売、金融など農協の多角経営の部分を除く、農産物を扱う部分に限定している）。そこで次の4機能ではないかとざっくりまとめた。

①情報（販売・営業機能。栽培技術などの指導）
②物流（トラック便など荷物を運ぶ機能）
③集荷場（一時預かりの冷蔵室やフォークリフトなどの運搬機能）
④決済（代金のやりとり）

僕たちのような規模の生産者では、この4機能をすべて持つことはできない。しかし、**機能を分離することで、「マイクロ農協」のような機能を果たすことができる。**

2015年に株式会社JOAAが設立された。有機栽培などの農産物の販売を手掛ける会社だ。肥料屋さんとして出会った、ジャパンバイオファームの小祝さんが設立し、全国の有機栽培の生産者や小売業者さんが出資した。僕も出資者の1人で、今は監査役を仰せつかっている。

JOAAが生協さんへの販売や、高品質の作物を育てるための産地作りの技術指導を担ってくれている。情報と決済機能である。各農家への振り込みなどの決済は、長野県伊那市の本社が担当。営業や日々の受発注は島根県邑南町《おおなんちょう》という山あいの町で、現社長の元木雅人さんが営業を担ってくれている。取引先いわく、元木さんは「ぐいぐい押してくる」。しかし元木さんに押している気はまったくなく、産地の栽培指導もやっていて、農家への思い入れが強いがゆえに自然と熱がこもるのだろう。僕にはあの情熱の営業はとてもできないので、助けられている。

日々の受発注や取引先とのやりとり、栽培指導などは、たった2人でこなしている。長野と島根と地域は離れていても、今の時代、情報と決済機能は分離できるのだ。

JOAAの設立と同時に、佐久穂町の有機栽培の農家5軒で出荷グループを作ることになった。開始から数年は宅配便で発送していたが、出荷は毎日のことなので運賃がかなりのコストとなってのしかかる。トラックでの直送便をどうにか仕立てないと先はない。

物流に関しては、生産地だけが動いてもうまくいかない。小売と生産がワンチームになって解決しないとまず動かすことができない。ここで、関西の生協「コープ自然派」さんが尽力してくださった。トラック便の確立に何度も話し合いの機会を設けた。積み上がっては崩れを繰り返し、2年の月日を要して、ようやく、愛知県小牧市の市場までの直送便を週3便、確立することができた。

インゲンやスナップエンドウなどはバラで送って、市場で小分け作業をしてもらえる形にまでなった。生産者の小分け負担はすさまじいので、これは革命的だった。これで、物流機能を確保できた。あとは集荷場機能のみ。

集荷場を作るのが難関だった。佐久穂町の大きな通り沿いの町の土地をお借りして、共同集荷場を作ろうという案が出たが、荷物をチェックする人員の用意や、フォークリフトを置いておくことがハードルとなった。誰もいないところに集荷場を作ることは、今の段階だと無理だと判断した。

結局、フォークリフトを持っていることもあって、のらくら農場で集荷場機能を受け持つことになった。山奥という立地なので、場所としては不便で申し訳ないが、冷蔵庫を作り、グループ全員の荷物を預かることができるようになった。2020年からは、うちが代表となって、折りたたみコンテナのレンタル契約もしている。

「1回の集荷で最低30ケース」というのがトラック便の業者さんの要望で、もっともなことだった。当初はぎりぎり30ケースのときもあったが、徐々に生協さんの信頼を獲得し、1回の出荷で100ケース前後の量に育って

愛知県へのトラック便の出荷当日。折りたたみコンテナの山。

数量ミスがないように入念にチェック。

きた。たった5軒の農家グループだが、1回の出荷額で100万円を超える日も出てきた。

こうして4機能をばらしてそれぞれが受け持てば、マイクロ農協とも言うべき機能が回るようになった。四つの機能を必ずしも一つの団体が持つ必要はない。専属の人をつけるのは大変にお金がかかるので、それぞれが兼務でやりくりしていく。

土地に縛られるのは集荷場と物流の2機能だけなので、地域性よりも、栽培方法や理念でつながることが重要になる。つまり、機能が全国に散らばったマイクロ農協を作ることも不可能ではない。

カボチャを500キロ売るのは、結構難しい。量が中途半端なのだ。でも、のらくら農場が4トン出します、Aさんが2トン出します、Bさんが1トン出します、CさんとDさんはそんなに作っていないけど500キロずつなら出せます、となると合計8トン。8トンのおいしいカボチャなら、一気に売りやすくなる。事実、生協さんで8トンを2週間で完売してくれるようになった。逆に、のらくら農場があまり量を作っていない作物をAさんがメインで出荷できて、助かることもある。

現在の佐久穂の出荷グループはカバーし合うという感覚が素晴らしい。「インゲンの収穫量読み違えた！　誰か月曜日45キロ出せませんか?」「うち30キロいけます」「あ、うちも

冷蔵庫は冬に自分たちで建てた。

15キロいけるよ」「助かったー」というやり取りはしょっちゅうある。出荷枠の奪い合いもない。「坂巻さん、赤ちゃん生まれて大変だから、出してくださいよ」「うち、他でも出せるから磯辺君出しなよ」と譲り合って逆に決まらないこともある。

前へ前へと出ず、後ろ後ろに下がるメンバーなので、僕は敬意を込めて、彼らを「チームザリガニ」と呼んでいる。もちろん、栽培の研究では前へ前へと進む人たちだ。

欠品しないように、全員がうまくいくことが大切なので、好循環が生まれる。**グループ内で、栽培のコツや奥義を教え合い、協力し合ったほうがうまくいく**のである。

機能分散型マイクロ農協は、生産者が生きる道の一つになると思う。就農したての小さな農場にとって、作物を作っても送ることが難しい時代になっている。しかし、ほかと組むことで可能性は開ける。

やってはいけないのは、悲しいグループを作ってしまうこと。雑用を押しつけ合う。ベテランの声が大きすぎて新人が何も言えない。作りやすい作目の出荷枠を奪い合う。新しい挑戦を何もせず、既存のやり方に固執する。10年前のいい時代を誇って、10年後の未来を作ろうとしない。自分たちの目先の利益しか考えない。優れた資材や栽培方法をグループ内で共有しようとしない。

こんな姿勢では、これからの時代を生き残るのは難しいだろう。

小さくてもいいから、この真逆のグループを作って困難な現状を打破していく。

グループ創設時に大切なのは、**全員平等にことを進めようとしすぎないこと**だと痛感した。平等にやろうとすると、ちっとも前に進まない。やれるヤツがまず動くこと。

まず人数を揃えて、全員の合意を取って進める、というのもやってはいけない。小さいグループの初期は機動性くらいしか取り柄がないのだから、全員の合意を待っていたら機動性が失われてしまう。大まかな理念と雰囲気（僕はこれが一番大切だと思っている）が合致している数人のメンバー、つまり気の合うヤツらではじめるのがよいのではないかと思う。

小さくはじめた僕が思うに、農業において小さいことはやはり不利だと感じたことは多い。だからといって、「小さくはじめる」「小さい農家でいる」という選択がまったくできない世の中も、またつまらないものだと思う。

弱い部分は認めるしかない。その分、どこで弱さをカバーしていくのか。農業が社会でどういう役割を果たしていくのか。小さいからこそ、これらを意識して進んでいく必要があるだろう。

見つけた公式

小さな出荷チームを作る＝
機能分散型マイクロ農協

5 負のエネルギーを減らす

今後、のらくら農場の大きなテーマになるのがこれ。前章に書いたように、のらくら農場では基本的に怒ることが禁止になっている。何かミスがあったら、怒るのではなく解決の道筋をつけていく。ミスを押しつけ合うのではなく、拾い合っていく。

空気があまりに厳しく、ミスをしたら怒鳴られるのであれば、ミスを隠す方向に行くと思う。そりゃそうです、怒られたら嫌だろうし、怖いし。怒る空気は経営の大きなリスクとなる。

長イモの掘り取りに、トレンチャーという機械を使っている。長イモの収穫は寒い12月に、地面に這いつくばっての過酷な作業だ。掘り取りの習得には3シーズンかかる。習得するまでに長芋を折ってしまったり、時間がかかりすぎてトレンチャーのガソリン代で赤字になることもある。ある日の夕方、がっくりとうなだれて畑から帰ってきたスタッフがいた。「長イモも折れたけど、オレの心も折れた……」と言って肩を落としている。「うまいこと言う！」と僕は笑ってしまったが、笑いごとじゃなかった。彼は性格のいい人だ。みんなで懸命に草取りなどの作業をしてきた努力を知っていて、長イモを折ってしまった不甲斐なさを嘆いている。**性格がいい人ほど、心が折れる。これ、よくない仕組みです。**

そこで700万円かけて馬力の大きいトラクター、植え溝を掘る機械、掘り取り機のセットを買うことにした。1日の作業を終えて、がっかりする夕方ではなく、「今日もいい仕事ができた」という「気持ちのいい夕方」をどう作るか。

作業工程を変える、機械や道具で失敗を減らす。その根底には、**「問題を解決したい」という気持ちが必要だ。**

お隣の小海町に坂巻農園さんがある。坂巻さんは出荷グループの一員で、子ども5人を抱えながら素晴らしい野菜を生産している。

出荷先である関西の生協、コープ自然派の皆さんが産地視察にいらした際、うちの前に坂巻農園に行かれた。生協さんへの出荷の前日は、夜遅くまで小分けの作業に追われて、坂巻さんの睡眠時間は4時間くらいしか取れないという話を聞いたとのこと。

「お子さんを5人も抱えた坂巻さんが倒れてしまったら大変だ。なんとかしないと」と、のらくら農場で生協さんと「坂巻さんをいかに寝かせるか」というテーマで散々話し合った。「中間の小分け業者さんが、小分けを引き受けられる品目を増やせるのか」「物流便を週3便から5便に増やせないか」などのアイデアが出た。なかなか実現は難しいが、「坂巻さんの睡眠時間の確保」という小さな一点から、新しいシステムというのは生まれてくるものだと僕は思う。そしてそのシステムは温かさを持っているはずだ。

「コープ有機」の田中さんと出荷の打ち合わせ。ハートあるデータマン。農家の事情もよく理解してくれる。

このような形で、お取引先も含めた業界全体で「問題解決チーム」作っていきたい。怒鳴る、怒る、キレる、不満、文句……こういう負のエネルギーをちょっとずつ除いていく仕組みを一緒に作り上げていかないと、この業界に新しい人が入って来ないと思う。

誰だって、ミスはする。誰だって間違いは起こす。生きている以上、新しいことに挑戦する以上、それは避けられない。「何かあったら誰が責任取るんだ」と言われてしまうと、もう何もできない。そんな言葉が飛び交う業界に、若い人が入っていきたいと思うだろうか。挑戦すれば、そりゃ、何か不具合はある。大切なのはそれをカバーできる仕組み作りと、関係性だと思う。

この業界から負のエネルギーを減らし、「よい夕方」「よい1日の終わり」をどれだけ作ることができるか。ようこそこの世界へ！　この業界、最高におもしろいよ、と胸を張れる形を作っていこう。そのためにはまず、今日の出荷を仕上げなければ。地道な一歩の先に、温かな公式がきっとあると信じて。

見つけた公式

生産・販売の垣根を越えた
問題解決チームを作る＝
関わる人がご機嫌でいられる＝
新しい人材が入ってきてくれる

6 中山間地農業に中量生産というピースをはめてみる

「多品目・中量生産」については、最初からこれが正解だと思って目指していたのではなく、続けていくうちに「ちょっとは強みもあるのかな」と気づかされていくという連続だった。

元々、この近辺の農家さんは栽培品目を絞っている。それに加えて、あちこちの有機栽培農家さんも、品目を絞ったところが経営的に台頭してきた感があった。若くセンスのある経営者が奮闘しながら新しい形を作っている。シンプルで効率のいい有機農業を目の当たりにすると、すごいな〜、と素直に尊敬できた。

ふとわが身を振り返ってみると、「50品目とかこんなに複雑なことをしていて、経営的に自分たちは大丈夫なのかいな?」と不安に襲われ、自信をなくすことも多々あった。

長野県東御市の「わざわざ」さんでの、トークセッションにお声がけいただいたことがある。

わざわざさんは、畑の真ん中にぽつんとあるパンと日用品のお店だ。田舎でパンと雑貨を売る、みんなが憧れるお店だが、僕が考えるにもっとも難しい業務形態のはずなのだ。ところが、とてつもない工夫の積み重ねで、「田舎でこんな経営ができるのか！」と思わされるくらい素晴らしい取り組みをされている。

福岡県に宝島染工さんという草木染めの工房がある。普通、草木染めというと個人が芸術家のようにやっているケースが多いのだが、ここは数人のメンバーで運営されていて、大手アパレルメーカーがOEMで仕事を依頼してくる。1000、2000という単位で草木染をいつまでに仕上げるというミッションをこなせる工房は日本に少ないらしく、10名前後の工房が大手と対等に話し合って仕事を仕上げていくとは、なんて痛快なんだ！

わざわざと宝島染工とのらくら農場の3者に共通している点を、わざわざの平田はる香さんがまとめてくれた。

①1人や夫婦から新規事業としてはじめた
②事業を継続して行なっている

③従業員を10名前後雇っている
④小規模事業者には少ない、ある程度の生産力がある
⑤売上が5000万円以上ある（2017年当時）

共通点の特に④、「ある程度の生産力、大手さんのように大量生産は全然できませんが、家族経営よりは多いですよ」ということころにスポットが当たった。ひと言で言うと「中量生産」。

3人で話しているうちに、頭の中がみるみる整理されていった。世の中には「中くらいの量がほしい」というニーズがある。人口が減って、嗜好が多様化してくると、さらにこれは増えるのかもしれない。それを受けるには、宝島染工さんのように製造の技術とミッションをこなす能力が必要となる。

日本にはたくさんの中山間地がある。佐久穂町は農地の広さや人口構成を見ると、日本の中山間地の縮図のような町とも言える。一枚が1反（300坪）に満たない田畑も多い。通常の農業であれば、農薬散布機械のブームスプレイヤーの通り道を用意しなければな

わざわざ、宝島染工、のらくら農場のトークセッション。

らないが、僕たちのやり方ならその通り道は不要になる。水田跡は、レタスにはちょっと水はけが悪くて使えないが、僕たちはそういう田畑にナスを配置して、水田の水利を生かすことができる。ちょっと日陰のところも、秋一番の春菊を配置すると暑さ対策になったりする。

佐久穂町のような中山間地の農業に、多品目の中量生産がマッチする可能性を見出すことができた。ただし、この「中」というのは、時代や状況によって変わるので、固定したものではない。中というのは量の概念というよりも、「ちょうどよい」に置き換えられるかもしれない。また、中でありながらも、中身は常に新陳代謝していかなければ硬直してしまうだろう。
トークセッションによって、のらくら農場の進む道が見えた気がした。「良質の中」を作ろう。ぐっと前を向くことができた。

中山間地は坂、坂、坂。種まきだって上りはきつい。

見つけた公式

中山間地農業＝多あるいは中品目中量生産

7 信州と九州でチームを作る

スタッフとしてがんばってきてくれた一番のベテランが独立することになった。舞台はこの佐久穂町だ。さらに別の男女が、2020年のシーズンを最後に卒業する。2人はこの農場で出会って、これから結婚し、九州で自分の農場を開く。

小分け作業のエースと畑のエース2人が、同時に去って行ってしまうのはとても痛いが、僕も含めてみんな祝福している。

しかし、僕の心配は尽きない。今は新規就農の手厚い補助があるが、それをもってしても、就農5年後に経営の見通しがついているケースは半分に満たないそうだ。

カップルの2人には、教えられることはすべて教えた。畑の機械作業から、土壌分析、施肥設計、植物生理から経営のことまで、ほぼすべて触れたと思う。畑チームのリーダーもつとめてくれて、複雑怪奇な多品目栽培の作業の組み立ても全部できる。

彼女のほうは、出荷、育苗、小分け、加工作業、レシピ作り、お客さんとのメッセージのやり取りをやってくれた。この本の出版チームとしても動いてくれた。

暖かいところで農業をしたいということで、2人は九州の宮崎県を選んだ。そんな遠いところに行ってしまったら、困ったときに何もしてあげられないではないかと気をもんだ。いや、できる。よくよく考えたら、信州と九州で出荷チームを組むこともできる。機能分散型マイクロ農協の考えを使えば、それは可能だ。

長野と宮崎とはまったく裏の季節になる。長野県なら作れない季節である冬が、宮崎県では主戦場になるのだ。

彼らと立てているプランは次のようなものだ。

のらくら農場のお取引先に、のらくら農場で作ることができない季節に各作物を延長して出荷できるようにする。つまり、うちのお取引先を紹介できる。

栽培の研究のやり取りは、ネット会議でできる。資料の共有が必要なら、クラウドベースで管理すればいい。これまでやってきたから、彼らも慣れている。販売管理システムだって、同じシステムを使えば、あとからいろいろとつなげることもできる。

品目の提案があれば、一緒に栽培の研究もできる。品種情報、資材情報も共有できれば、二倍、三倍の情報と経験をお互いに獲得できる。

こちらは冬の仕事が少ない。彼らは冬が忙しい。彼らが人を雇用できるようになったら、のらくらメンバーが九州まで手伝いに行くか。「1ヶ月でいいから、冬あったかいところに行きたい！」とはしゃぐスタッフもいる。

彼らに言っていることがある。

ここを出て独立したら、のらくら農場の代表とスタッフという関係は当然解消になって、これからは経営者仲間となる。一方的な僕の援助を期待してはいけない。自分の足で歩いていくのが経営者なのだから。僕は勝手に応援するけど、当てにしてはいけない。ややこしいけど、これ大事。

この先のらくら農場から独立する人がいたら、相談にのってやってほしい。もちろん、君たちに余裕があればでいいから。

僕は君たちに人脈をつなげていく。のらくら農場を出たら、自動的に誰にでも人脈をつなげていくわけではないよ。がんばってくれた君らだからやるのです。君たちも佐久穂町の農業者仲間や君たちの後に続く人に人脈をつなげていってくれたら嬉しい。いつかでいいから。できればでいいから。

新人だから、若いからといって、周りが応援してくれる甘美な期間は、せいぜい2シーズンと思っておいたほうがいい。新規開店のご祝儀需要はそんなに長くない。

出荷グループに〝お客さん〟はいらない。当然、出荷グループは学校でもない。口を開けて待っていても、誰もエサは運んでくれない。佐久穂出荷グループのメンバーは本当にいい人ばかりで、優しい。だけどそれに甘えてばかりいたら、なんのための独立かわからないじゃないか。

経験がある先輩たちに対して、何をしたらいいのかわからないことも多いと思う。そのときこそ「せめて」を使うときだ。今の自分には力がないと思うときは「せめて○○をやってみる」。もう十分に身につけているか。

新規就農で軌道に乗るのは、僕の感覚で言ったらせいぜい2割だろう。ということは、世間の誰もが納得する事業計画なんて通用しないということだ。2割が「おっ、ありかもね」くらいのほうが、可能性がある。資金を調達するのに金融機関や行政機関に事業計画を出さなければならないこともあるだろう。そのときは、仕方ない、おとなしく書いておこう。それも社会と対峙するのに必要だ。だけど、そのよそ向きの経営計画どおりにやったら危ないから。なんせ生き残り2割だからね。常識的な手法では無理なんだ。

僕の師匠が僕に贈ってくれた言葉を、今度は僕が君たちに贈るよ。

僕を目指してはいけない。

のらくら農場を追わないで、好き勝手やっていきな。環境のためとか地域のためとか、日本の農業のためとか家族のためとか考えるから、おかしくなっていくんだ。なんとかのためとか言っていると、うまくいかないとき、「俺は、私は、こんなに〇〇のためにやっているのに、なぜ周りは理解しない、ついてこない」って人を恨むようになる。「俺は家族のために好きでもない仕事をして養ってやっているんだ」なんて言うようになったら悲しいじゃん。

勝手にやってる。これが大事だと思うんだよな。勝手に好きなことやっているわがままな自分と、一緒にいてくれている家族。勝手にやっている経営者と、毎日の仕事を一緒にやってくれるスタッフさん。好き勝手にやっているのに、すれ違いざまに挨拶をしてくれるご近所さん。好きでこの品目を作っているのに、いつも注文をくれるお客さん。勝手にやっていると、もう感謝しか生まれない。

言うまでもないことだけど、がんばってな。でも、がんばってもがんばっても無理だったら、戻ってくればいいよ。

そのときののらくら農場がマッチしない雰囲気だったら、僕のつながりで、どこかを紹介するよ。

で、また独立したくなったらすればいいし。

そんな日が来ないことを祈るけど、もしそうなったら、僕も今よりももうちょっとましな給料払えるよう、力をつけておくよ。

なんにも武器がないときは、とりあえずご機嫌でいると、何かしらチャンスを引き寄せると思うよ。おもしろそうに生きているヤツは最強だから。

おわりに

僕が農業をはじめた頃に比べて、農業を側面から応援してくれるソフト部分が増えてきたように思います。ウェブ上の生産者の交流グループや、直販システム、コンサルタントによる支援。頼れる仕組みが増え、いい世の中になりました。

まだ決定的に足りないのは、「やる人」です。ミカンを採る人、お茶を摘む人、白菜を切る人、草を取る人……。

ある程度は、機械やテクノロジーの発展によって解決されるでしょう。もちろん僕も機械化は進めます。ただ、農作業というものは駆逐されるべきつまらない仕事なのだろうかという疑問も湧いてくるのです。

僕は、基本的に農作業は「楽しいもの」だと思っています。

ピカピカのピーマンを採るとき、ふとかわいい蛙と目が合う。大根を抜くときのあの感触。ニンジンを抜くときの香り立つ瞬間。農作業には豊かさがあります。僕らは多品目を作っているから飽きないという理由もあるかもしれません。いずれにせよ、「のらくら農場は『やる人』でいよう」とスタッフとよく話します。

誇りをもって「やる人」であり続けるために、どうすればいいのか。これをとことん考えていきます。

最初に出版のお話に乗ってくださったのは、商業界の笹井清範元編集長でした。執筆中、70年の歴史がある名出版社が、突然幕を閉じることになりました。ご自身も大変なときに、「必ずこの本を世に出す」と言ってくださり、同文舘出版の竹並治子さんに個人として企画を持ち込んでくださいました。きっかけをくださった笹井さんと、僕に文章を書くということを粘り強く教えてくださった竹並さんに感謝申し上げます。

一緒に構想を練り、忙しい農作業の合間を縫って写真を撮り続けてくれた、のらくら農場出版チームのタクヤンこと佐々木拓弥君、ユキルこと松野有希さん、ありがとね！

何より、複雑なスタイルの農業に一緒に取り組んでくれている、のらくら農場のスタッフの皆さん、いつもありがとう。皆さんは心優しき精鋭部隊です。明日からも、一緒にいい仕事しよう。ご機嫌で仕事をしてるヤツは、最強だよね！

著者略歴

萩原 紀行（はぎわら のりゆき）

のらくら農場 代表

1971年、千葉県松戸市生まれ。大学卒業後、東洋エクステリア㈱（現LIXIL）に営業職として勤務。後に妻となる彼女に触発され、農業に関心を持つ。持ち前の行動力で農業に突き進み、サラリーマンを辞め、埼玉県小川町の霜里農場で11ヶ月、住み込み研修を受ける。

1998年、長野県八千穂村（現・佐久穂町）で就農し、夫婦2人で75aから小さく農場をはじめる。現在は約7.5haで約50品目の作物を有機栽培。ハイシーズンには16名ほどのチーム（組織）で運営。これまで農家ごとの暗黙知だった栽培技術を形式知にすることで生産性を向上。さらに生産者同士の集合知へと発展させることで、付加価値の高い事業モデルの構築に取り組む。

2014年、「TED x SAKU」で「集合知の農業へ」を講演し、反響をよぶ。2019年、「オーガニック・エコフェスタ」で開催される栄養価コンテスト（一般社団法人日本有機農業普及協会主催）では3部門で最優秀賞を獲得し、総合グランプリを受賞。2020年はケール部門で二連覇。農業界のイノベーターとして、消費者・商業者から注目と共感を集めている。妻と二男一女。

野菜も人も畑で育つ
——信州北八ヶ岳・のらくら農場の「共創する」チーム経営

2021年2月9日　初版発行
2022年5月31日　3刷発行

著　者——萩原紀行

発行者——中島治久

発行所——同文舘出版株式会社

東京都千代田区神田神保町1-41　〒101-0051
電話　営業03（3294）1801　編集03（3294）1802
振替 00100-8-42935
http://www.dobunkan.co.jp/

ISBN978-4-495-54081-4

印刷／製本：三美印刷

Printed in Japan 2021